四川省工程建设地方标准

四川省农村生土和木结构建筑技术规程

Technical Specification for Rural Raw Soil Structure and Timber Structure in Sichuan Province

DBJ51/T063 – 2016

主编单位： 西昌市建筑勘测设计院有限公司
批准部门： 四川省住房和城乡建设厅
施行日期： 2 0 1 7 年 1 月 1 日

西南交通大学出版社

2017 成 都

图书在版编目（ＣＩＰ）数据

四川省农村生土和木结构建筑技术规程/西昌市建筑勘测设计院有限公司主编. —成都：西南交通大学出版社，2017.3
（四川省工程建设地方标准）
ISBN 978-7-5643-5220-2

Ⅰ. ①四… Ⅱ. ①西… Ⅲ. ①农村住宅－建筑结构－土结构－技术规范－四川②农村住宅－建筑结构－木结构－技术规范－四川 Ⅳ. ①TU241.4-65

中国版本图书馆 CIP 数据核字（2017）第 007488 号

四川省工程建设地方标准

四川省农村生土和木结构建筑技术规程

主编单位　西昌市建筑勘测设计院有限公司

责 任 编 辑	姜锡伟
封 面 设 计	原谋书装
出 版 发 行	西南交通大学出版社 （四川省成都市二环路北一段 111 号 西南交通大学创新大厦 21 楼）
发 行 部 电 话	028-87600564　028-87600533
邮 政 编 码	610031
网　　　址	http://www.xnjdcbs.com
印　　　刷	成都蜀通印务有限责任公司
成 品 尺 寸	140 mm × 203 mm
印　　　张	3.125
字　　　数	76 千
版　　　次	2017 年 3 月第 1 版
印　　　次	2017 年 3 月第 1 次
书　　　号	ISBN 978-7-5643-5220-2
定　　　价	29.00 元

关于发布工程建设地方标准
《四川省农村生土和木结构建筑技术规程》
的通知

川建标发〔2016〕771号

各市州及扩权试点县住房城乡建设行政主管部门，各有关单位：

由西昌市建筑勘测设计院有限公司主编的《四川省农村生土和木结构建筑技术规程》已经我厅组织专家审查通过，现批准为四川省推荐性工程建设地方标准，编号为：DBJ51/T063 – 2016，自2017年1月1日起在全省实施。

该标准由四川省住房和城乡建设厅负责管理，西昌市建筑勘测设计院有限公司负责技术内容解释。

四川省住房和城乡建设厅
2016年9月26日

前　言

根据四川省住房和城乡建设厅《关于下达四川省工程建设地方标准〈四川省农村生土和木结构建筑技术规程〉编制计划的通知》（川建标发〔2015〕151号）的要求，由西昌市建筑勘测设计院有限公司会同有关单位人员组成的编制组根据我省农村生土和木结构建筑的建设经验，依据国家和四川省有关农村建筑的技术标准规定，采纳国内新的研究成果，结合我省农村当前的经济状况及施工技术条件，在广泛征求意见的基础上，制定了本规程。

本规程共8章2个附录，主要技术内容包括：1 总则；2 术语；3 基本规定；4 选址与布置；5 材料；6 地基与基础；7 木结构房屋；8 生土房屋。

本规程由四川省住房和城乡建设厅负责管理，西昌市建筑勘测设计院有限公司负责具体技术内容解释。各单位在实施本规程过程中如有意见和建议，请寄送至西昌市建筑勘测设计院有限公司（地址：西昌市胜利南路二段1号；邮政编码：615000；联系电话：0834-3223647；Email：XCSJY@163.com）。

主 编 单 位： 西昌市建筑勘测设计院有限公司

参 编 单 位： 四川省建材工业科学研究院

凉山州泰安工程勘察设计咨询有限公司

主要起草人： 王宁苍　吴家兴　秦　钢　黄建波

江成贵　吕　萍　吕张东　瞿开富

刘永滨　张友琼　吕　鹏　黄　滔

曹　晖　杨　林　陈洪国

主要审查人： 冯　雅　吴　体　章一萍　康景文

王泽云　罗进元　向　学

目　次

1　总　则 …………………………………………… 1

2　术　语 …………………………………………… 2

3　基本规定 ………………………………………… 4

4　选址与布置 ……………………………………… 6

　4.1　一般规定 …………………………………… 6

　4.2　选　址 ……………………………………… 6

　4.3　布　置 ……………………………………… 8

5　材　料 …………………………………………… 10

　5.1　一般规定 …………………………………… 10

　5.2　木　材 ……………………………………… 11

　5.3　生　土 ……………………………………… 14

　5.4　其他材料 …………………………………… 16

6　地基与基础 ……………………………………… 18

　6.1　一般规定 …………………………………… 18

　6.2　地　基 ……………………………………… 19

　6.3　基　础 ……………………………………… 20

7　木结构房屋 ……………………………………… 23

　7.1　一般规定 …………………………………… 23

　7.2　抗震构造措施 ……………………………… 26

7.3 施工及维护 ·································· 29

8 生土房屋 ·· 31

8.1 一般规定 ·································· 31

8.2 抗震构造措施 ···························· 32

8.3 施工及维护 ·································· 36

附录 A 砌筑砂浆配合比 ···················· 38

附录 B 混凝土配合比 ························ 40

本规程用词说明 ······························ 43

引用标准名录 ·································· 45

附：条文说明 ·································· 47

Contents

1 General Provisions ··· 1

2 Terms ·· 2

3 Basic Requirement ·· 4

4 Site Selection and Layout ································· 6

    4.1 General Requirement ······························· 6

    4.2 Site Selection ······································ 6

    4.3 Layout ·· 8

5 Material ··· 10

    5.1 General Requirement ······························· 10

    5.1 Timber ·· 11

    5.2 Raw Soil ·· 14

    5.3 Other Materials ···································· 16

6 Ground and Foundation ··································· 18

    6.1 General Requirement ······························· 18

    6.2 Ground ·· 19

    6.3 Foundation ·· 20

7 Timber Structure ··· 23

    7.1 General Requirement ······························· 23

    7.2 Details of Seismic Design ·························· 26

    7.3 Construction and Mantenance ······················ 29

8 Raw Soil Structure ······································· 31

8.1　General Requirement ·················· 31

8.2　Details of Seismic Design ·············· 32

8.3　Construction and Maintenance ·············· 36

Appendix A　Mix Proportion of Masonry Mortar ·········· 38

Appendix B　Mix Proportion of Concrete ·············· 40

Explanation of Wording in This Code ·············· 43

List of Quoted Standard ·············· 45

Addition: Explanation of Provisions ·············· 47

1 总　则

1.0.1 为贯彻执行《中华人民共和国防震减灾法》、《四川省防震减灾条例》和《村镇传统住宅设计规范》等法律法规，并实行以预防为主、因地制宜、就地取材的方针，减轻农村生土和木结构建筑地震破坏，改善农村人居环境，做到安全适用、经济合理，制定本规程。

1.0.2 本规程适用于我省农村自建的建筑面积在 300 m² 以下，抗震设防烈度为 6 度和 7 度（0.1g）区的单层生土房屋、抗震设防烈度为 6 度~9 度区的两层及以下的木结构房屋的设计、施工与验收。

1.0.3 农村生土和木结构建筑的建设应符合村镇用地规划的要求，保护生态环境，建筑应与周围环境相协调，并应遵守安全、卫生、节地、节能、节材、节水等国家相关方针政策和法规的规定。

1.0.4 农村生土和木结构建筑的设计、施工与验收除符合本规程要求外，尚应符合国家和四川省现行有关标准的规定。

2 术 语

2.0.1 场地 site

具有相似的反应谱特征的工程群体所在地。其范围相当于厂区、居民小区和自然村或不小于 1.0 km² 的平面面积。

2.0.2 木结构房屋 timber structure

由木柱、木梁、木屋架等木构件作为承重结构构件，生土墙（土坯墙或夯土墙）、砌体墙等其他墙体作为围护墙的房屋。主要包括穿斗木构架、木柱木屋架、木柱木梁房屋。

2.0.3 生土房屋 raw soil structure

由未经焙烧的土坯墙体、夯土墙体承重的房屋。

2.0.4 改性土料 amended soil

为提高土体的强度、延性和耐久性，在生土中掺入纤维、胶结材料、骨料等材料后形成的土料。

2.0.5 抗震设防烈度 seismic precautionary intensity

按国家规定的权限批准作为一个地区抗震设防依据的地震烈度。一般情况下，取 50 年内超越概率为 10%的地震烈度。

2.0.6 地震动参数 seismic ground motion parameter

表征抗震设防要求的地震动物理参数，包括地震动峰值加速度和地震动加速度反应谱特征周期等。

2.0.7 地震作用 earthquake action

由地震动引起的结构动态作用，包括水平地震作用和竖向地震作用。

2.0.8 抗震措施 seismic measures

除地震作用计算和抗力计算以外的抗震设计内容，包括抗震构造措施。

2.0.9 **抗震构造措施** details of seismic design

根据抗震概念设计原则，一般不需计算而对结构和非结构各部分必须采取的各种细部要求。

3 基本规定

3.0.1 农村生土和木结构建筑建设时应具有岩土工程勘察资料，并对建设场地作出工程地质和水文地质评价。

3.0.2 建设选址应根据岩土工程勘察资料对建设场地的地段划分进行选择，并应考虑噪声、有害物质、电磁辐射和工程地质灾害等的不利影响。

3.0.3 建筑应布局合理，满足使用需要，环境卫生，功能分区明确，交通组织顺畅。

3.0.4 结构应满足安全、使用和耐久的要求。

3.0.5 抗震设防的地震动参数必须按《中国地震动参数区划图》GB 18306 确定。农村生土和木结构建筑必须采取抗震措施。

3.0.6 设备系统应满足功能有效、运行安全、维修方便等要求，并应为相关设备预留合理的安装位置。

3.0.7 防火设计应符合《建筑设计防火规范》GB 50016 及《农村防火规范》GB 50039 的规定。

3.0.8 防雷设计应符合《建筑物防雷设计规范》GB 50057 的规定。

3.0.9 节能设计应符合《农村居住建筑节能设计标准》GB/T 50824 的规定。

3.0.10 农村生土和木结构建筑的设计宜因地制宜，充分利用当地传统的地方材料，同时积极采用新技术、新产品、新材料。

3.0.11 施工作业应符合国家和四川省现行有关施工安全操作标准的规定。

3.0.12 施工质量验收应符合国家和四川省现行有关施工质量验收标准的规定，并应符合下列要求：

　　1 施工资料及质量记录应齐全、完整和有效；

　　2 主要材料的材质证明资料应齐全、合格和有效；

　　3 施工过程中未发生质量事故，或已对质量事故进行处理并验收合格；

　　4 房屋无外观质量问题。

4 选址与布置

4.1 一般规定

4.1.1 建筑工程的总体规划，应根据使用要求、地形和地质条件合理布置，并应避开受山洪、地质灾害等影响的地段。主体建筑宜布置在适宜的地基上，并使地基条件与上部结构的要求相适应。

4.1.2 农村建筑应充分利用和保护天然排水系统和山地植被。当必须改变排水系统时，应在易于导流或拦截的部位将水疏排出场地外。

4.1.3 农村建筑应合理规划公用卫生设施，改善卫生环境。

4.1.4 农村建筑应保护和利用用地范围内具有传统特色的人文景观和生态环境。

4.2 选 址

4.2.1 建筑场地应按表 4.2.1 划分为抗震有利、一般、不利和危险的地段。

表 4.2.1 建设场地的划分

地段类别	地质、地形、地貌
有利地段	稳定基岩，坚硬土，开阔、平坦、密实、均匀的中硬土等
一般地段	不属于有利、不利和危险的地段

地段类别	地质、地形、地貌
不利地段	软弱土，液化土，条状突出的山嘴，高耸孤立的山丘，非岩质的陡坡，河岸和边坡的边缘，平面分布上成因、岩性、状态明显不均匀的土层（含故河道、疏松的断层破碎带、暗埋的塘浜沟谷和半填半挖地基），高含水量的可塑黄土，地表存在结构性裂缝等
危险地段	地震时可能发生滑坡、崩塌、地陷、地裂、泥石流等及发震断裂带上可能发生地表位错的部位

4.2.2 建筑场地应选择有利地段或一般地段，宜避开不利地段，严禁选择危险地段；当建筑场地无法避开不利地段时，应采取有效措施；不应在对建筑物有潜在威胁或直接危害的岩溶（土洞）强烈发育地段建造房屋。

4.2.3 抗震设防烈度为 8 度、9 度区，当场地内存在全新世活动断裂时，应避开主断裂带。8 度区避让距离不应小于 100 m，9 度区避让距离不应小于 200 m。

4.2.4 建筑场地位置选择应符合下列规定：

1 宜靠近村镇公共设施，并与居民生产劳动地点联系紧密或交通方便，不得相互干扰，不得占用除居住用地外的其他用地；

2 应避免被铁路、重要公路和高压输电线路所穿越，不得在各级道路、桥梁控制线范围内进行建设；

3 居住区和生产区距林区边缘的距离不宜小于 300 m，或应采取防止火灾蔓延的隔离措施。

4.3 布　置

4.3.1 建筑设计应体现地区性、民族性的特色，并应符合下列要求：

　　1 应满足农村居民一般居住要求及户内的生产、储存等使用要求；

　　2 应在尊重当地农村居民的居住习惯及生产生活习惯、民族习惯的基础上，实现人畜分区、生产生活分区；

　　3 应根据当地的气候条件和地形地貌特征，选择建筑适宜朝向，满足所在地区对日照、自然采光、通风和隔声的要求。

4.3.2 建筑应按套型设计，每套应设生活空间和辅助空间，并宜符合下列要求：

　　1 生活空间宜包括传统礼仪活动空间、起居空间和就寝空间；

　　2 辅助空间宜包括厨房、卫浴空间、储藏空间、交通空间、牲畜及家禽饲养空间、生产及经营空间。

4.3.3 建筑室内净高应符合下列规定：

　　1 生活空间的室内净高不应低于 2.4 m，局部净高不应低于 2.1 m，且其平面面积不应大于该空间室内使用面积的 1/3；

　　2 利用坡屋顶内空间作生活空间时，其平面 1/2 面积的室内净高不应低于 2.1 m；

　　3 除交通空间外的辅助空间的室内净高不应低于 2.4 m，如有排水横管时，排水横管下表面与楼面、地面净距不应小于 1.9 m，且不得影响门窗开启；

    4   交通空间的室内净高不应低于 2.1 m。

4.3.4   建筑形体应规则，平面不宜局部突出或凹进，结构抗侧力构件布置宜均匀对称。

4.3.5   建筑供能宜结合当地能源条件，采用多种能源结合的供能方式。

5 材 料

5.1 一般规定

5.1.1 农村生土和木结构建筑使用的材料主要包括木材、生土及其改性材料、砖、砌块、钢筋、水泥、砂浆和混凝土等。

5.1.2 木结构的承重结构构件应根据构件的主要受力状态选用相应的材质等级。

5.1.3 生土房屋用原始土料应为杂质少的黏性土、粉质黏土，不得使用腐殖土或杂质土。有经验的地区也可采用适用于本地区条件的土质。

5.1.4 作为生土墙材料使用的原始土料应经过改性处理。

5.1.5 改性土料宜进行配比试验，并应针对现场原始土料的性质、现场骨料品种、胶结材料品种进行改性土料的配比设计。

5.1.6 钢筋宜采用 HPB300 级、HRB400 级热轧钢筋。

5.1.7 水泥应采用强度等级不低于 32.5 级的硅酸盐水泥、普通硅酸盐水泥、矿渣硅酸盐水泥或火山灰质硅酸盐水泥。严禁使用过期或质量不合格的水泥，不同品种的水泥严禁混用。

5.1.8 不同强度等级砂浆可按附录 A 进行配制。不同强度等级混凝土可按附录 B 进行配制。

5.2 木 材

5.2.1 承重木结构用材分为原木、锯材（方木、板材）。用于普通木结构的原木、方木和板材可采用目测法分级。承重木结构的原木、方木和板材材质标准应分别符合表 5.2.1-1、表 5.2.1-2 及表 5.2.1-3 的规定，不得采用商品材的等级标准替代。

表 5.2.1-1　承重木结构原木材质标准

项次	缺陷名称		材质等级		
			Ⅰ a	Ⅱ a	Ⅲ a
1	腐朽		不允许	不允许	不允许
2	木节	在构件任一面任何 150 mm 长度上沿周长所有木节尺寸的总和，不得大于所测部位原木周长的	1/4	1/3	不限
		每个木节的最大尺寸，不得大于所测部位周长的	1/10 1/12（连接部位）	1/6	1/6
3	扭纹：小头 1000 mm 材长上倾斜高度不得大于		80 mm	120 mm	150 mm
4	髓心		应避开受剪面	不限	不限
5	虫蛀		容许有表面虫沟，不得有虫眼		

注：1　对于死节（包括松软节和腐朽节），除按一般木节测量外，必要时尚应按缺孔验算，当死节有腐朽迹象时，应经局部防腐处理后方可使用；

　　2　木节尺寸按垂直于构件长度方向测量，直径小于 10 mm 的活节不量；

　　3　对于原木的裂缝，可通过调整其方位（使裂缝尽量垂直于构件的受剪面）予以使用。

表 5.2.1-2　承重木结构方木材质标准

项次	缺陷名称		材质等级		
			Ⅰa	Ⅱa	Ⅲa
1	腐朽		不允许	不允许	不允许
2	木节：在构件任一面任何 150 mm 长度上所有木节尺寸的总和，不得大于所在面宽的		1/3 1/4（连接部位）	2/5	1/2
3	斜纹：小头任何 1000 mm 材长上倾斜高度不得大于		50 mm	80 mm	120 mm
4	髓心		应避开受剪面	不限	不限
5	裂缝	在连接部位的受剪面上	不允许	不允许	不允许
		在连接部位的受剪面附近，其裂缝深度（有对面裂缝时用两者之和）不得大于材宽的	1/4	1/3	不限
6	虫蛀		容许有表面虫沟，不得有虫眼		

注：1　对于死节（包括松软节和腐朽节），除按一般木节测量外，必要时尚应按缺孔验算，当死节有腐朽迹象时，应经局部防腐处理后方可使用；

2　木节尺寸按垂直于构件长度方向测量，木节表现为条状时，在条状的一面不量，直径小于 10 mm 的活节不量。

表 5.2.1-3　承重木结构板材材质标准

项次	缺陷名称	材质等级		
		Ⅰa	Ⅱa	Ⅲa
1	腐朽	不允许	不允许	不允许
2	木节：在构件任一面任何 150 mm 长度上所有木节尺寸的总和，不得大于所在面宽的	1/4 1/5（连接部位）	1/3	2/5

项次	缺陷名称	材质等级		
		Ⅰa	Ⅱa	Ⅲa
3	斜纹：小头任何 1000 mm 材长上倾斜高度不得大于	50 mm	80 mm	120 mm
4	髓心	不允许	不允许	不允许
5	裂缝：在连接部位的受剪面及其附近	不允许	不允许	不允许
6	虫蛀	容许有表面虫沟，不得有虫眼		

注：对于死节（包括松软节和腐朽节），除按一般木节测量外，必要时尚应按缺孔验算，当死节有腐朽迹象时，应经局部防腐处理后方可使用。

5.2.2 受拉构件或拉弯构件应选用Ⅰa级材，受弯构件或压弯构件应选用不低于Ⅱa级材，受压构件及次要受弯构件应选用不低于Ⅲa级材。

5.2.3 主要的承重构件应采用针叶材，重要的木制连接件应采用细密、直纹、无节和无其他缺陷的耐腐的硬质阔叶材。针叶树种木材适用的强度等级与阔叶树种木材适用的强度等级应符合表5.2.3-1、表5.2.3-2的规定。

表 5.2.3-1 针叶树种木材适用的强度等级

强度等级	组别	适用树种
TC17	A	柏木
	B	东北落叶松
TC15	A	铁杉、油杉
	B	鱼鳞云杉、西南云杉

强度等级	组别	适用树种
TC13	A	油松、新疆落叶松、云南松、马尾松
	B	红皮云杉、丽江云杉、樟子松、红松
TC11	A	西北云杉、新疆云杉
	B	冷杉、速生杉木

表 5.2.3-2 阔叶树种木材适用的强度等级

强度等级	适用树种
TB20	青冈、槠木
TB17	栎木
TB15	锥栗（栲木）、桦木

5.2.4 现场制作木构件时，原木或方木结构的木材含水率不应大于 25%，板材的木材含水率不应大于 20%，受拉构件的连接板的木材含水率不应大于 18%，作为连接件的木材含水率不应大于 15%。

5.3 生 土

5.3.1 黏性土的塑性可采用手捻法或搓条法进行简易鉴别，并应符合下列规定：

1 手捻法鉴别时，应将湿土块在手中捻碎，并用拇指和食指将土捏成片状，根据手感和土片光滑程度进行区分：手感滑腻、无砂、捻面光滑时塑性高；手感稍滑腻、捻面稍光滑时塑性中等；砂感强、捻面稍粗糙时塑性低。

2 搓条法鉴别时，应将湿土块在手中揉捏均匀，并用手掌搓成土条，根据土条不断裂而能达到的最小直径进行区分：能搓成直径小于 1 mm 土条时塑性高；能搓成直径为 1 mm～3 mm 土条时塑性中等；能搓成直径大于 3 mm 土条时塑性低。

5.3.2 块状土料应进行破碎处理，原始土料应过筛且最大粒径不得大于 15 mm。

5.3.3 含水量较低的原始土料在使用前宜经洒水拌匀后堆放陈化处理；湿制土坯料宜经练泥处理。

5.3.4 生土改性用材料应因地制宜，掺入的改性材料应根据当地经验或经过试验确定。常用生土改性材料应符合表 5.3.4 的规定。

表 5.3.4　常用生土改性材料

分类	常用材料	规格	掺入量 （重量比）	适用条件
纤维改性	稻草、麦秸草、松针、麻等植物纤维	段长 40 mm～80 mm	0.50%	用于黏土、粉质黏土
	玻璃纤维、合成纤维	40 mm～80 mm	0.50%	
胶结材料改性	石灰	粒径不大于 0.21 mm	5%～10%	用于土质黏性不良和抗水性差时
	水泥	—	3%～15%	需养护 14 d 以上
	粉煤灰	—	8%～10%	需进行适应性试验
骨料改性	细粒石	粒径不大于 10 mm	6%～15%	用于粉质黏土土坯
	瓦砾	粒径不大于 50 mm	6%～25%	用于夯土墙
	卵石、碎石	粒径 20 mm～40 mm	6%～30%	

5.3.5 改性后的土料可按土料使用时的成型方式，制成边长为

100 mm 的立方体试块，采用胶凝材料改性的土料应养护 28 d，试块在 60 ℃ 条件下烘干至恒重，检测试块的抗压强度，其抗压强度不宜低于 1.5 MPa。

5.3.6 改性土可制成土坯砌筑墙体，或用模板将其夯筑成墙体。塑性高的土料宜湿制土坯，塑性中等的土料宜夯筑为墙体，塑性低的土料宜干制夯土坯。

5.3.7 土坯墙体宜采用黏性好的泥浆砌筑，泥浆中宜掺入水泥、石灰、砂、纤维等改性材料。

5.3.8 夯筑夯土墙及制作干制土坯时，土料的含水率应控制在最优含水率，土料的最优含水率宜通过土工试验的击实试验确定。

5.4 其他材料

5.4.1 砖和砌块的强度等级应符合下列规定：

　　1 烧结普通砖和多孔砖、混凝土普通砖和多孔砖的强度等级不应低于 MU10；

　　2 6 度、7 度时，混凝土小型空心砌块的强度等级不应低于 MU7.5，蒸压灰砂普通砖、蒸压粉煤灰普通砖不应低于 MU10；

　　3 8 度、9 度时，混凝土小型空心砌块的强度等级不应低于 MU10，蒸压灰砂普通砖、蒸压粉煤灰普通砖不应低于 MU15。

5.4.2 砌筑砂浆强度等级应符合下列规定：

　　1 6 度、7 度时，烧结普通砖和多孔砖、混凝土普通砖和多孔砖砌体的砌筑砂浆强度等级不应低于 M2.5，蒸压灰砂普通砖、蒸压粉煤灰普通砖砌体的砌筑砂浆强度等级不应低 Ms5，混凝土小型空心砌块砌体的砌筑砂浆强度等级不应低于 Mb5；

2 8度、9度时，烧结普通砖和多孔砖、混凝土普通砖和多孔砖砌体的砌筑砂浆强度等级不应低于 M5，蒸压灰砂普通砖、蒸压粉煤灰普通砖砌体的砌筑砂浆强度等级不应低 Ms7.5，混凝土小型空心砌块砌体的砌筑砂浆强度等级不应低于 Mb7.5。

5.4.3 混凝土构件的混凝土强度等级不应低于 C20，混凝土小型空心砌块孔洞的灌孔混凝土强度等级不应低于 Cb20。

5.4.4 铁件、扒钉等连接件宜采用 Q235 钢材。外露铁件应做防锈处理，光圆钢筋作为受力筋使用时，端头应设置 180°弯钩。

6 地基与基础

6.1 一般规定

6.1.1 农村建筑宜选择均匀且稳定的地基。当地基为软弱黏性土、液化土、新近填土或严重不均匀土时，应考虑地震时地基不均匀沉降和其他不利影响，并采取相应的措施。

6.1.2 同一结构单元的基础不宜设置在性质截然不同的地基上，且不宜采用不同类型的基础。

6.1.3 当地基土可能出现不能避开的不均匀沉降时，应设置基础圈梁。基础圈梁可与墙体的防潮层合并设置。

6.1.4 边坡附近的建筑基础应进行抗震稳定性设计；房屋基础与土质、强风化岩质边坡的边缘应留有足够的距离，其距离应根据设防烈度确定。

6.1.5 场地的边坡应符合下列规定：

    1 应根据地质、地形条件和使用要求，因地制宜地设置稳定的边坡；

    2 边坡设计应符合现行国家标准《建筑边坡工程技术规范》GB 50330 的规定；

    3 边坡稳定性验算时，有关参数应按设防烈度的高低进行相应修正。

6.1.6 基坑、基槽开挖至设计标高时应进行验槽，验槽合格后方可进行下步工程的施工。

6.1.7 基础施工完毕后应及时回填。回填时，应沿基础墙体两侧同时均匀回填并分层夯实，每层填土高度不宜超过 200 mm。

6.2 地 基

6.2.1 地基设计时应对下列条件分析认定：

1 建筑场地在自然条件下有无不稳定的边坡、滑坡、影响场地稳定性的断层或破碎带；

2 地基内岩石厚度及空间分布情况、基岩面的起伏等情况及均匀情况；

3 有无影响地基稳定性的临空面、采空区，岩溶（土洞）的发育程度；

4 出现危岩崩塌、泥石流等不良地质现象的可能性；

5 地表水、地下水对建筑地基和建设场地的影响；

6 施工过程中，因挖方、填方、堆载和卸载等对山坡稳定性的影响。

6.2.2 对于淤泥、可液化土或严重不均匀土层地基采取换填垫层处理时，应符合下列规定：

1 当采用砂石类材料换填时，宜选用碎石、卵石、角砾、圆砾、砾砂、粗砂、中砂或石屑，并应级配良好，不得含植物残体、垃圾等杂质；

2 当使用粉细砂或石粉换填时，应掺入不少于总质量 30%的碎石或卵石，砂石的最大粒径不宜大于 50 mm；

3 当采用灰土换填时，灰土的体积配合比宜为 3：7 或 2：8，石灰宜用新鲜的消石灰，其颗粒粒径不得大于 5 mm，土料宜用粉质黏土且不得含有松软杂质，不宜使用块状黏土，土料应过筛且最大粒径不得大于 15 mm；

    4 对湿陷性黄土地基，不得选用砂石等透水材料。

6.2.3 基坑开挖时应避免坑底土层受扰动，可预留约 200 mm 厚的土层，待铺填垫层前再由人工挖至设计标高。

6.2.4 换填垫层施工应符合下列规定：

    1 垫层的底面应至老土层，垫层的厚度宜为 0.5 m～3.0 m；

    2 垫层底面的宽度应超过基础底边缘，其超出基础各边的尺寸不小于垫层厚度的 0.6 倍且不小于 300 mm，换填垫层顶面宽度应外扩至稳定的基坑侧壁；

    3 垫层应分层铺填、分层夯实，分层铺填厚度宜为 200 mm～300 mm。

6.3 基 础

6.3.1 基础埋深应符合下列规定：

    1 在满足地基承载力和变形要求的前提下，基础宜浅埋；

    2 当上层地基的承载力大于下层土时，宜利用上层土作持力层；

    3 除岩石地基外，基础埋置深度不宜小于 0.5 m；

    4 在季节性冻土地区，基础埋置深度或采取的防冻措施应符合《建筑地基基础设计规范》GB 50007 及《冻土地区建筑地基基础设计规范》JGJ 118 的规定。

6.3.2 当同一结构单元基础底面不在同一标高时，宜按 1：2 的台阶逐步放坡。

6.3.3 当上部墙体为生土墙时，基础顶面以上砖（石）墙砌筑高度应取室外地坪以上 500 mm 和室内地面以上 200 mm 中的较大者。

6.3.4 相邻建筑基础应保持一定的水平净距，新建建筑的基础埋深不宜大于原有建筑基础，当埋深大于原有建筑基础时，两基础应保持一定的净距，其净距应根据原有建筑荷载大小、基础形式和土质确定，且不宜小于基底高差的 2 倍。

6.3.5 基础宜采用无筋扩展基础，可采用实心砖、混凝土小型空心砌块、毛石等砌筑或灰土、三合土等夯实填筑。

6.3.6 无筋扩展基础应符合下列规定：

    1 宽度应根据地基承载力计算确定；

    2 高度不宜小于基础放出上部墙体外每边尺寸的 1.5 倍；

    3 基础放阶时，每阶高度不宜小于其放出上阶宽度每边尺寸的 1.5 倍。

6.3.7 实心砖基础应符合下列规定：

    1 砖基础不应采用蒸压灰砂砖和蒸压粉煤灰砖，实心砖的强度等级应不低于 MU15；

    2 砌筑砂浆应采用强度等级不低于 M5 的水泥砂浆；

    3 实心砖基础每阶每边放出宽度不应大于 60 mm。

6.3.8 混凝土小型空心砌块基础应符合下列规定：

    1 混凝土小型空心砌块的强度等级应不低于 MU10；

    2 砌筑砂浆应采用强度等级不低于 Mb7.5 的水泥砂浆；

    3 混凝土小型空心砌块基础应采用强度等级不低于 C20（或 Cb20）的混凝土将砌块孔洞预先灌实，每阶每边放出宽度不应大于 90 mm。

6.3.9 石砌基础应符合下列规定：

    1 阶梯形石基础的每阶每边放出宽度，平毛石不宜大于 100 mm，每阶不应少于两层。当毛料石采用一阶两皮时，宽度不宜大于 200 mm；采用一阶一皮时，宽度不宜大于 120 mm。基础阶梯的高度应不小于 1.5 倍基础阶梯收进宽度。

    2 平毛石基础砌体的第一皮块石应坐浆，并将大面朝下；阶梯形平毛石基础，上阶平毛石压砌下阶平毛石长度不应小于下阶平毛石长度的 2/3；相邻阶梯的毛石应相互错缝搭砌。

    3 毛料石基础砌体的第一皮应坐浆丁砌；阶梯形料石基础，上阶石块与下阶石块搭接长度不应小于下阶石块长度的 1/2。

    4 石材强度等级应不低于 MU30,砌筑砂浆应采用强度等级不低于 M5 的水泥砂浆。

    5 当采用卵石砌筑基础时，应将其凿开使用。

6.3.10 灰土、三合土基础应符合下列规定：

    1 灰土基础的灰土体积配合比为 3：7 或 2：8,其最小干密度，粉土为 1550 kg/m^3，粉质黏土为 1500 kg/m^3，黏土为 1450 kg/m^3。

    2 三合土基础的三合土体积配合比宜为石灰：砂：骨料 = 1：2：4~1：3：6。

    3 灰土、三合土基础宽度不宜小于 700 mm，距基础墙边的宽度不应大于 200 mm，高度不宜小于 300 mm。

    4 灰土、三合土基础应分层夯实，灰土基础每层宜虚铺 220 mm ~ 250 mm,夯实至 150 mm;三合土基础每层应虚铺 200 mm，夯实至 150 mm。

    5 灰土、三合土基础的拌和应控制适量的拌和水，并拌和均匀。

7 木结构房屋

7.1 一般规定

7.1.1 木结构房屋的平面布置宜避免局部突出。

7.1.2 木结构房屋的结构体系应符合下列要求：

    1 竖向承重构件木柱与水平承重构件（木屋架、木梁）及水平联系构件（系杆、穿枋）等应通过可靠的节点连接形成空间结构体系；

    2 同一建筑不应采用木柱与砖柱、石柱或墙体混合承重；

    3 山墙内侧应布置端榀穿斗木构架、木柱木屋架、木柱木梁，不宜采用硬山搁檩。

7.1.3 木结构房屋的层数和总高度应符合下列规定：

    1 穿斗木构架、木柱木屋架房屋 6 度 ~ 8 度时不宜超过两层，总高度不宜超过 6 m；9 度时宜建单层，总高度不宜超过 3.3 m。

    2 木柱木梁房屋宜建单层，总高度不宜超过 3 m。

7.1.4 木结构房屋的木柱间距应符合下列规定：

    1 木柱木屋架、木柱木梁房屋的横向柱距：6 度及 7 度时，不应大于 4.2 m；8 度及 9 度时，不应大于 3.6 m。

    2 穿斗木构架每榀木构架落地柱的数量 6 度及 7 度时，不宜少于 5 根；8 度及 9 度时，不应少于 5 根。

    3 纵向柱距不应大于 4.0 m。

7.1.5 木柱应采用整料，不应采用接长料。木柱的梢径不宜小于150 mm；宜避免在柱的同一高度处纵横向同时开槽，且在柱的同一截面上的开槽面积不应超过截面总面积的1/2。

7.1.6 木屋架不得采用无下弦的人字屋架或无下弦的拱形屋架。

7.1.7 木柱木屋架及穿斗木屋架宜采用双坡屋架，坡度不宜大于30°。

7.1.8 木楼盖、木屋盖构件在墙及木梁、木屋架上的支承长度应不小于表7.1.8的规定。

表 7.1.8 木楼盖、木屋盖构件的最小支承长度（mm）

构件名称	木屋架、木梁	对接木龙骨、木檩条		搭接木龙骨、木檩条
位置	墙上	屋架、木梁上	墙上	屋架、木梁、墙上
支承长度与连接方式	240（木垫板）	60（木夹板与螺栓）	120（木夹板与螺栓）	满搭

7.1.9 屋面材料及构造应满足屋面防水的要求，并宜采用轻质材料。当采用冷摊瓦屋面时，底瓦的弧边的两角宜设置钉孔，可采用铁钉与椽条钉牢；盖瓦宜采用石灰或水泥砂浆压垄等做法与底瓦黏结牢固。

7.1.10 用于采暖或炊事的烟道、烟囱等应符合下列规定：

    1 应采用非金属不燃烧材料制作；

    2 与木构件相邻部位的壁厚不小于240 mm；

    3 与木结构之间的净距不小于120 mm，且其周围应具备良好的通风环境。

7.1.11 突出屋面的烟囱出屋面高度，6度、7度时不应大于600 mm；8度（0.20g）时不应大于500 mm；8度（0.30g）和9度时不应大于400 mm，并应采取拉结等加强措施。

7.1.12 木结构房屋外围护墙及内填充墙应符合下列规定：

1 当外围护墙及内填充墙为生土墙时，墙体应满足生土房屋墙体的相关规定；当外围护墙及内填充墙为其他材料墙体时，应满足《四川省农村居住建筑抗震技术规程》DBJ 51/016 的规定。

2 房屋第二层围护墙和内填充墙、单层房屋外围护墙的山墙顶的三角形部分，应采用板材或竹编材等轻质材料，不应采用砌体墙及生土墙；房屋的第一层内填充墙宜采用轻质材料。

3 砌体墙、生土墙等外围护墙应贴砌在木柱外侧，且木柱与围护墙间宜留适当距离；木柱与围护墙沿墙高每隔 500 mm 采用 8 号铁丝与墙体拉结筋、配筋砂浆带、圈梁等拉结。

4 墙体上门窗洞口过梁的支承长度，6度~8度时不应小于240 mm，9度时不应小于 360 mm。

7.1.13 木结构的节点，除采用榫卯连接外，应通过加设托木、斜撑（短斜撑）、扒钉、木销键、钢连接件加螺栓固定等措施连接牢固；木柱开槽削弱较大时，宜加设钢连接件进行加强。

7.1.14 木结构房屋使用材料应符合本规程第 5 章的规定，地基和基础应符合本规程第 6 章的规定。

7.2 抗震构造措施

7.2.1 木柱基础可采用柱础或混凝土基础，并应符合下列规定：

1 6度、7度时，柱脚与柱础之间应采用柱脚榫或柱销键连接，柱脚榫尺寸不小于 80 mm × 80 mm × 80 mm，柱销键不小于 80 mm × 80 mm，键深不小于 80 mm；

2 8度、9度及采用混凝土基础时，柱脚与柱础或基础之间应采用预埋在柱础或基础内的两块扁钢与柱脚通过螺栓连接，扁钢长 × 宽 × 厚不小于 600 mm × 50 mm × 4 mm，螺栓为 $2\phi12$；

3 柱础及混凝土基础埋入地面以下的深度不宜少于 500 mm，柱础或基础顶面应铺设防潮层。

7.2.2 木柱柱脚宜根据底层房间分隔设置纵横向木锁脚枋；楼面处及柱顶应设置与木柱连接的纵向通长水平系杆；水平系杆与柱的连接，在榫卯连接的基础上，可在系杆与木柱间加设钢或木制短斜撑及防止水平系杆拉脱的水平钢夹板。

7.2.3 木结构端开间宜设置垂直支撑，并宜符合下列规定：

1 木柱木屋架结构屋脊处的屋架上下弦之间宜设置纵向垂直支撑并在屋架下弦中间节点设置通长水平系杆；前后纵向柱列柱顶、底间适当部位宜设置纵向垂直支撑；端榀木柱木屋架横向柱列柱顶、底间适当部位宜设置横向垂直支撑。

2 木柱木梁结构屋脊处的瓜柱顶与木梁之间宜设置纵向垂直支撑并在木梁中间节点设置通长水平系杆；前后纵向柱列柱顶、底间适当部位宜设置纵向垂直支撑；端榀木柱木梁横向柱列柱顶、底间适当部位宜设置横向垂直支撑。

3 穿斗木构架结构屋脊处的柱顶与最上一道穿枋之间宜设置纵向垂直支撑并在中柱间设置通长水平系杆；前后纵向柱列柱顶、底间适当部位宜设置纵向垂直支撑。

7.2.4 木结构端开间的下列部位宜设置水平支撑：

1 木柱木屋架结构的屋架上弦；

2 木柱木梁结构屋脊处的瓜柱顶；

3 穿斗木构架的柱顶。

7.2.5 木柱木屋架结构的木柱与木屋架、木柱与木梁连接处，木柱木梁结构的木柱与木梁连接处应设置斜撑。当斜撑采用木夹板时，木夹板与木柱、屋架上下弦、木梁应采用螺栓连接，木柱柱顶应设置暗榫插入屋架下弦或木梁，屋架下弦或木梁用 U 形扁钢箍住后与木柱柱头通过螺栓夹紧连接。

7.2.6 穿斗木构架房屋的构件设置及节点连接构造应符合下列规定：

1 木柱横向应采用穿枋连接，穿枋应贯通木构架各柱，在木柱的上、下端及二层房屋的楼板处均应设置。

2 榫节点宜采用燕尾榫、扒钉连接；采用平榫时应在对接处两侧加设厚度不小于 2 mm 的扁钢，扁钢两端应采用两根直径不小于 12 mm 的螺栓夹紧。

3 穿枋应采用透榫贯穿木柱，穿枋端部应设木销钉，梁柱节点处应采用燕尾榫。

4 当穿枋的长度不足时，可采用两根穿枋在木柱中对接，并应在对接处两侧沿水平方向加设扁钢；扁钢厚度不宜小于 2 mm、宽度不宜小于 60 mm，两端应采用两根直径不小于 12 mm 的螺栓夹紧。

5 立柱开槽宽度和深度应符合表 7.2.6 的规定。

表 7.2.6　穿斗木构架立柱开槽宽度和深度

榫 类 型		柱 类 型	
		圆 柱	方 柱
透榫宽度	最小值	$D/4$	$B/4$
	最大值	$D'/3$	$3B/10$
半榫深度	最小值	$D'/6$	$B/6$
	最大值	$D'/3$	$3B/10$

注：D 为圆柱直径；D' 为圆柱开榫一端直径；B 为方柱宽度。

7.2.7 檩条与屋架、柱（瓜柱）的连接及檩条之间的连接应符合下列规定：

1 檩条与柱（瓜柱）顶、屋架上弦连接方式应采用螺栓、圆钉或扒钉连接。

2 檩条搭接位置应在屋架上弦处或柱（瓜柱）顶处，搭接节点应采用巴掌榫，榫长不小于檩条高度（原木檩条为直径）的 2 倍，与屋架上弦连接时，采用的螺栓应从檩条上表面穿透至屋架上弦下表面；与柱（瓜柱）连接时，下檩条采用 2 根圆钉与柱顶钉牢，上檩条采用 2 根圆钉与下檩条钉牢，扒钉应勾住柱（瓜柱）及每根檩条。

3 木屋架上弦在紧贴檩条的斜下方一侧应设置檩座木支托檩条。檩条在屋架上的支撑长度不应小于 60 mm，当不满足要求时，应在屋架上增设檩托。

7.2.8 椽子或木望板应采用圆钉与每根檩条钉牢，屋脊处宜采用折角扁钢拉结屋脊两侧椽子。

7.2.9 木楼盖檩条当支座为柱时，除采用榫卯连接外，宜加托木或短斜撑；当支座为木梁时，除采用榫卯连接外，宜加托木。

7.2.10 木结构房屋的瓦材选用轻质瓦时，应按照其产品安装要求布置檩条、椽子，并按照安装要求进行可靠连接。

7.3 施工及维护

7.3.1 木结构的施工应符合下列规定：

1 木构架竖立前应进行临时加固，避免竖立时发生过大变形造成木构架的损坏；

2 木结构所采用的铁件应采取防锈处理；

3 木结构工程在交付使用前应进行一次全面检查，重要部位应逐个检查，对于松动的螺栓应拧紧。

7.3.2 木结构构件的防腐应符合下列规定：

1 处于房屋隐蔽部分的木构架，应设置通风洞口；

2 木柱应支承在柱墩上，支承面间应有卷材防潮层；

3 木柱与土壤严禁接触，柱墩顶面距土地面的高度不应小于 300 mm。

7.3.3 木结构的防蚁应符合现行四川省工程建设地方标准《白蚁防治技术规程》DB51/T 5012 的规定。

7.3.4 承重木构件不应使用有较大变形、开裂，以及有较多腐蚀、虫蛀或榫眼（孔）的旧木料。

7.3.5 当外围护墙及内填充墙为生土墙时，墙体施工应满足本规程对生土房屋墙体的规定；当外围护墙及内填充墙为其他墙体时，墙体施工应满足《四川省农村居住建筑抗震技术规程》DBJ 51/016 的规定。

7.3.6 木结构房屋在交付使用后的头两年内，每年应进行一次检查维护，之后应根据当地气候特点（如雪季、雨季及风季前后）和房屋使用要求等具体情况安排定期的检查维护。

8 生土房屋

8.1 一般规定

8.1.1 生土房屋适用于 6 度及 7 度（0.1g）时的单层木屋盖房屋。

8.1.2 生土房屋应建在地势较高或较干燥的区域，房屋四周应有完善的排水设施或采取有效的疏排措施。

8.1.3 生土房屋的结构布置应符合下列要求：

1 房屋的平面布置宜避免局部突出；

2 平面内墙体布置应闭合；

3 纵向、横向的承重墙布置宜均匀对称，在平面内宜对齐，沿竖向应上下连续，在同一轴线上窗间墙的宽度宜均匀。

8.1.4 生土房屋的结构体系应符合下列要求：

1 应采用横墙承重或纵横墙共同承重的结构体系；

2 在同一高度内不应采用生土墙与砖墙、砌块墙或石墙混合承重的结构体系；

3 不应采用土坯柱的承重。

8.1.5 生土房屋檐口至室外地坪的高度不宜大于 2.5 m。土坯采用机械压制或夯土墙采用机械夯筑、设置了钢筋混凝土构造柱和圈梁时，生土房屋檐口至室外地坪的高度，6 度时不宜大于 3.3 m，7 度（0.1g）时不宜大于 3.0 m。

8.1.6 生土房屋的横墙间距不宜大于 3.2 m。土坯采用机械压制或夯土墙采用机械夯筑、设置了钢筋混凝土构造柱和圈梁时，生土房屋的横墙间距不宜大于 3.9 m。

8.1.7 生土房屋的窗间墙最小宽度、外墙尽端至门窗洞口边的最小距离、内墙阳角至门窗洞口的最小距离均不宜小于 1200 mm；门窗洞口宽度，6 度时不应大于 1500 mm，7 度（0.1g）时不应大于 1200 mm。

8.1.8 生土房屋的墙体厚度 6 度时不宜小于 400 mm，7 度（0.1g）时不宜小于 500 mm。土坯采用机械压制或夯土墙采用机械夯筑、设置了钢筋混凝土构造柱和圈梁时，生土房屋的墙体厚度可根据施工条件适当调整，但外墙厚度不宜小于 400 mm，内墙厚度不宜小于 300 mm。

8.1.9 生土房屋不宜采用单坡屋面；坡屋面的坡度不宜大于 30°；屋面材料及构造应满足屋面防水的要求，并宜采用轻质材料。

8.1.10 生土墙的土料应符合本规程第 5 章的规定；生土房屋的地基和基础应符合本规程第 6 章的规定。

8.2 抗震构造措施

8.2.1 生土房屋圈梁和配筋砂浆带的设置应符合下列规定：

　　1 6 度时生土墙墙顶部应设置一道现浇钢筋混凝土圈梁、水平配筋砂浆带或木圈梁；

　　2 7 度（0.1g）时在生土墙窗台标高处应设置一道水平配筋砂浆带，墙顶处应设置一道现浇钢筋混凝土圈梁或水平配筋砂浆带；

3 山尖墙顶的现浇钢筋混凝土圈梁、配筋砂浆带、木圈梁应顺坡设置。

8.2.2 圈梁和配筋砂浆带的构造应符合下列规定：

1 现浇钢筋混凝土圈梁应闭合，混凝土强度等级不应低于C20，截面高度不应小于 120 mm，宽度宜与构造柱交接边宽度相同，纵向钢筋不应少于 $4\phi10$，箍筋不小于 $\phi6@250$。

2 水平配筋砂浆带应闭合，砂浆强度等级不应低于 M10，截面厚度不应小于 60 mm，宽度应与生土墙厚度相同；墙体厚度大于等于 400 mm 时，纵向配筋不应少于 $3\phi8$，分布筋不应少于 $\phi4@300$；墙体厚度小于 400 mm 时，纵向配筋不应少于 $2\phi8$，分布筋不应少于 $\phi4@300$。

3 山尖墙顶设置的顺坡现浇钢筋混凝土圈梁、配筋砂浆带应在檩条搭设位置浇筑混凝土台阶或砂浆台阶，台阶内预埋与檩条连接的扁钢。

4 木圈梁的截面厚度不应小于 50 mm，宽度应与墙顶宽度相同。

8.2.3 6 度地区，房屋的四角应设置构造柱，内外墙交接处、纵横墙交接处宜设置构造柱。7 度（0.1g）地区，房屋的四角、内外墙交接处、纵横墙交接处应设置构造柱，并应符合下列规定：

1 构造柱混凝土强度等级不应低于 C20，最小截面可取240 mm × 180 mm，纵向钢筋不应少于 $4\phi12$，箍筋不小于 $\phi6@250$。

2 沿墙高每隔 500 mm 在构造柱内留设 $2\phi6$ 水平钢筋，每边伸入墙内不宜小于 1000 mm，且浇筑厚度 50 mm 的 M10 砂浆带包覆生土墙内拉结筋。

3 构造柱纵筋下端锚入基础，上端锚入墙顶圈梁。

4 构造柱根据施工工艺可采用现浇或预制。采用预制构造柱时，构造柱上下端纵筋应伸出一个锚固长度锚入墙顶圈梁及基础，预制构造柱应预埋拉结筋或预埋与拉结筋焊接的预埋钢板。

8.2.4 生土房屋的外墙四角和内外墙交接处，宜沿墙高每隔500 mm 放置一层竹筋、木条、荆条等编织的拉结网片，每边伸入墙体应不小于 1000 mm 或至门窗洞边，拉结网片在相交处应绑扎；或采取其他加强整体性的措施。

8.2.5 生土房屋的门窗洞口宜采用木过梁，并应符合下列规定：

1 木过梁截面宽度应与墙厚相同。当洞口宽度小于 1200 mm 时，木过梁截面高度或直径不宜小于 100 mm；当洞口宽度大于1200 mm 且不大于 1500 mm 时，木过梁截面高度或直径不应小于120 mm。

2 当采用多根等长木杆组成过梁时，应采用钉木板或扒钉、铅丝捆绑等方式将各根木杆连接成整体。

3 木过梁在洞口两端支承处应设置垫木；木过梁两端伸入洞口两侧墙体的搁置长度不应小于 300 mm。

8.2.6 生土房屋的门窗洞口两侧宜设置木柱（板），门窗框应与两侧的木柱（板）和木过梁钉牢。门窗洞口两侧墙体宜沿墙高每隔500 mm 设置水平荆条、木条、竹筋等编织的拉结网片，拉结网片从门窗洞边伸入墙体不应小于 1 000 mm。

8.2.7 硬山搁檩屋面的檩条及系杆设置与构造应符合下列规定：

1 内墙处屋面檩条应满搭，并应采用扒钉相互钉牢；当不能满搭时，应采用木夹板对接。

2 山墙处屋面端檩应出檐,山墙两侧应采用方木墙揽用圆钉钉在檩条下表面，夹紧山墙顶。

3 在横墙屋脊下的檐口标高处，设置一道通长水平系杆，水平系杆做法同屋面檩条。

4 檩条、系杆支承处无配筋砂浆带或钢筋混凝土圈梁时，应设置木垫板，木垫板长度、宽度和厚度分别不小于 400 mm、200 mm 和 60 mm；檩条、系杆支承处有配筋砂浆带或钢筋混凝土圈梁时，应与预埋扁钢通过螺栓连接。

8.2.8 硬山搁檩的屋盖应在房屋的端开间各设置一道垂直剪刀撑，剪刀撑上端与圈梁连接，下端与水平系杆连接。

8.2.9 硬山搁檩的屋盖檐口宜采用椽条挑出纵墙做挑檐，并应在纵墙顶部两侧设置双檩夹紧墙顶。

8.2.10 设置屋架的屋盖应符合下列规定：

1 檩条的连接、上下弦水平支撑、垂直支撑的布置和连接应符合本规程第 7 章的规定；

2 木屋架支承处无钢筋混凝土圈梁时在外墙上的支承长度不应小于 370 mm，且支承处应设置木垫板，木垫板长度、宽度和厚度分别不小于 500 mm、墙厚和 60 mm，木屋架与木垫板之间应采用扒钉连接；

3 木屋架支承处有钢筋混凝土圈梁时,木屋架与圈梁内的预埋锚栓连接。

8.2.11 设置屋架的屋面檐口挑梁应采用屋架支座处的附木挑出。

8.2.12 设置端榀屋架的端山墙顶三角形部位，不应采用生土墙，应采用板材或竹编材等轻质材料与端榀屋架连接牢固。

8.3 施工及维护

8.3.1 未晾干的土坯不应用于砌筑土坯墙；土坯墙每天砌筑高度不宜超过 1.2 m，土坯的尺寸应规整。

8.3.2 土坯墙应采用铺浆法错缝卧砌，不得采用灌浆法砌筑，砌筑泥浆应饱满，水平泥浆缝厚度宜为 12 mm～15 mm；严禁使用碎砖石填充土坯墙的缝隙。

8.3.3 土坯墙的转角处和纵横墙体交接处应同时咬槎砌筑，当不能同时砌筑而又必须留置临时间断处时，应砌成斜槎，斜槎的水平长度不应小于高度的 2/3；严禁砌成直槎。

8.3.4 砌筑泥浆应随拌随用，泥浆在使用过程中出现泌水现象时，应重新拌和。

8.3.5 夯土墙墙体夯筑模板系统应有良好强度和刚度，并能承担夯击夯土墙的震动、侧压力以及施工荷载，不应产生较大的挠曲或变形；宜采用可组合出整体 L 形、T 形节点模具的组合模板。

8.3.6 夯土墙宜采用夯实机械夯筑。

8.3.7 夯土墙应分层沿房屋墙体周圈交圈夯筑；纵横墙交接处，应同时交槎夯筑或留踏步槎，不应出现竖向通缝。

8.3.8 夯土墙应夯筑密实。每板可分 3 次铺土，每次虚铺土料厚度为 150 mm～200 mm，夯击不得少于 3 遍，并夯实至 100 mm～150 mm。夯土墙每日夯筑最大高度不应超过 1.5 m，在夯筑上一层墙体时，应保证下层墙体对上层施工荷载有足够的承载能力。

8.3.9 夯筑模板的拆除不应从夯土墙表面直接拉开，应贴夯土墙表面移动推离；模板拆卸后，应对土墙表面缺陷及时进行修补。

8.3.10 夯土墙门窗洞口的施工应符合下列要求：

1 当开设的窗洞口较小时，宜先夯筑整墙后再开洞口，开洞时应轻敲轻凿，不得扰动墙体；

2 当开设较大的门窗洞口时，应采取牢固的支顶措施再夯筑洞口上面的墙；

3 门窗洞口边的拉结材料应在夯筑墙体时放入，并将拉结材料夯实于墙体土料中；

4 当埋设门窗过梁时，应安放门窗过梁后再铺土夯筑。

8.3.11 加入水泥的生土改性材料，土料拌和水泥后应在 2 h 内使用，其制作的土坯或夯土墙应保湿养护不少于 14 d。

8.3.12 生土墙墙面应采用掺入纤维的泥浆或其他抹灰材料抹面，抹面应在墙体干燥且对产生的裂缝进行填补后实施，抹面时，可挂耐碱玻纤网格布。

8.3.13 生土房屋在交付使用后的头两年内，每年应进行一次检查维护，之后应根据当地雪季、雨季及风季前后气候特点和房屋使用要求等具体情况安排定期的检查维护。

附录 A 砌筑砂浆配合比

A.0.1 砌筑砂浆的配合比以每立方米砂浆中各种材料的用量（质量）来表述。

A.0.2 砌筑砂浆的配合比应由配合比试验确定。无试验条件时，可参考表 A.0.2-1、表 A.0.2-2 选用。

表 A.0.2-1 混合砂浆配合比参考

砂浆强度等级	水泥强度等级	每立方米材料用量（kg）								
		粗砂			中砂			细砂		
		水泥	石灰	砂	水泥	石灰	砂	水泥	石灰	砂
M2.5	32.5	183	147	1 510	190	155	1 450	197	163	1 390
	42.5	140	190	1 510	145	200	1 450	151	209	1 390
M5.0	32.5	212	118	1 510	221	124	1 450	229	131	1 390
	42.5	162	168	1 510	169	176	1 450	175	185	1 390
M7.5	32.5	242	88	1 510	251	94	1 450	261	99	1 390
	42.5	185	145	1 510	192	153	1 450	200	160	1 390
M10	32.5	271	59	1 510	282	63	1 450	293	67	1 390
	42.5	207	123	1 510	216	129	1 450	224	136	1 390

表 A.0.2-2 水泥砂浆配合比参考

砂浆强度等级	水泥强度等级	每立方米材料用量（kg）					
		粗砂		中砂		细砂	
		水泥	砂	水泥	砂	水泥	砂
M2.5	32.5	253	1 585	260	1 522	268	1 459
	42.5	206	1 585	212	1 522	218	1 459
M5	32.5	276	1 585	284	1 522	292	1 459
	42.5	227	1 585	234	1 522	240	1 459
M7.5	32.5	299	1 585	308	1 522	317	1 459
	42.5	248	1 585	255	1 522	262	1 459
M10	32.5	322	1 585	332	1 522	341	1 459
	42.5	268	1 585	276	1 522	284	1 459

注：1 表中给出的砌筑砂浆配合比按施工水平一般等级考虑，砂子的含水率为 5%；

2 可根据砂浆各组分的特性、砌筑墙体类型、砂浆流动性要求及施工水平等作适当调整。

附录 B　混凝土配合比

B.0.1　混凝土配合比以每立方米混凝土中各种材料的用量（质量）来表示。

B.0.2　混凝土配合比应由配合比试验确定。无试验条件时，可参考表 B.0.2-1、表 B.0.2-2 选用。

表 B.0.2-1　混凝土配合比参考（卵石）

混凝土强度等级	卵石粒径（mm）	水泥强度等级	每立方米混凝土材料用量（kg）			
			水	水泥	砂	石子
C15	20	32.5	180	310	651	1 209
		42.5	180	250	749	1 171
	40	32.5	160	276	651	1 263
		42.5	160	222	748	1 220
C20	20	32.5	180	383	551	1 286
		42.5	180	295	693	1 232
	40	32.5	160	340	551	1 349
		42.5	160	262	692	1 286
C25	20	32.5	180	439	499	1 282
		42.5	180	353	594	1 273
	40	32.5	160	390	500	1 350
		42.5	160	314	593	1 333

混凝土 强度等级	卵石粒径 （mm）	水泥 强度等级	每立方米混凝土材料用量（kg）			
			水	水泥	砂	石子
C30	20	32.5	180	500	482	1 255
		42.5	180	400	541	1 279
	40	32.5	160	444	449	1 347
		42.5	160	356	541	1 343

表 B.0.2-2　混凝土配合比参考（碎石）

混凝土 强度等级	碎石粒径 （mm）	水泥 强度等级	每立方米混凝土材料用量（kg）			
			水	水泥	砂	石子
C15	20	32.5	195	295	725	1 135
		42.5	195	229	770	1 156
	40	32.5	175	265	718	1 222
		42.5	175	206	788	1 181
C20	20	32.5	195	382	645	1 199
		42.5	195	279	751	1 175
	40	32.5	175	343	627	1 274
		42.5	175	250	750	1 225
C25	20	32.5	195	443	581	1 198
		42.5	195	342	671	1 192
	40	32.5	175	398	555	1 261
		42.5	175	307	652	1 266
C30	20	32.5	195	513	525	1 167
		42.5	195	398	623	1 188
	40	32.5	175	461	512	1 252
		42.5	175	357	607	1 261

本规程用词说明

1 为了便于在执行本规程条文时区别对待,对要求严格程度不同的用词说明如下:

1)表示很严格,非这样做不可的:

正面词采用"必须";反面词采用"严禁";

2)表示严格,在正常情况下均应这样做的:

正面词采用"应";反面词采用"不应"或"不得";

3)表示允许稍有选择,在条件许可时首先这样做的:

正面词采用"宜";反面词采用"不宜";

4)表示有选择,在一定条件下可以这样做的,采用"可"。

2 条文中指明应按其他有关标准执行的写法为:"应符合……的规定"或"应按……执行"。

引用标准名录

1　《中国地震动参数区划图》GB 18306
2　《砌体结构设计规范》GB 50003
3　《木结构设计规范》GB 50005
4　《建筑地基基础设计规范》GB 50007
5　《建筑抗震设计规范》GB 50011
6　《建筑设计防火规范》GB 50016
7　《建筑抗震鉴定标准》GB 50023
8　《农村防火规范》GB 50039
9　《建筑物防雷设计规范》GB 50057
10　《建筑边坡工程技术规范》GB 50330
11　《农村居住建筑节能设计标准》GB/T 50824
12　《建筑地基处理技术规范》JGJ 79
13　《冻土地区建筑地基基础设计规范》JGJ 118
14　《镇（乡）村建筑抗震技术规程》JGJ 161
15　《村镇住宅建筑材料选择与性能测试标准》CECS 317
16　《村镇传统住宅设计规范》CECS 360
17　《四川省农村居住建筑抗震技术规程》DBJ 51/016
18　《白蚁防治技术规程》DB 51/T5012

四川省工程建设地方标准

四川省农村生土和木结构建筑技术规程

DBJ51/T063 – 2016

条 文 说 明

制定说明

《四川省农村生土和木结构建筑技术规程》DBJ51/T063—2016，经四川省住房和城乡建设厅 2016 年 9 月 26 日以川建标发〔2016〕771 号公告批准发布。

在本规程制定过程中，编制组进行了广泛的调查研究，总结了近年来我省农村生土和木结构建筑的实践经验，吸纳了国内农村生土和木结构建筑新的研究成果，结合我省农村当前的经济状况及施工技术条件，在广泛征求意见的基础上，对我省农村生土和木结构建筑建设过程涉及的技术内容进行了细化规定。

为便于广大设计、施工、科研、学校等单位有关人员在使用本规程时能正确理解和执行条文规定，《四川省农村生土和木结构建筑技术规程》编制组按章、节、条顺序编制了本规程的条文说明，对条文规定的目的、依据以及执行中需注意的有关事项进行了说明。但是，本条文说明不具备与标准正文同等的法律效力，仅供使用者作为理解和把握规程规定的参考。

目　次

1　总　则 ………………………………………………… 53

2　术　语 ………………………………………………… 55

3　基本规定 ……………………………………………… 56

4　选址与布置 …………………………………………… 58

　4.1　一般规定 ………………………………………… 58

　4.2　选　址 …………………………………………… 58

　4.3　布　置 …………………………………………… 60

5　材　料 ………………………………………………… 62

　5.1　一般规定 ………………………………………… 62

　5.2　木　材 …………………………………………… 63

　5.3　生　土 …………………………………………… 64

　5.4　其他材料 ………………………………………… 67

6　地基与基础 …………………………………………… 68

　6.1　一般规定 ………………………………………… 68

　6.2　地　基 …………………………………………… 69

　6.3　基　础 …………………………………………… 70

7　木结构房屋 …………………………………………… 73

　7.1　一般规定 ………………………………………… 73

　7.2　抗震构造措施 …………………………………… 77

　7.3　施工及维护 ……………………………………… 81

8 生土房屋 ……………………………………………… 82

8.1 一般规定 ………………………………………… 82

8.2 抗震构造措施 …………………………………… 83

8.3 施工及维护 ……………………………………… 88

1 总　则

1.0.1 说明制定本技术规程的目的。在我省交通、经济不发达的部分农村地区，建造房屋时受交通及经济发展水平限制，建筑材料常以就地取材为主，生土房屋、木结构房屋在这些地区短时间内尚不能完全淘汰。按照传统营造方式建造的生土和木结构建筑，虽然具有经济、就地取材、施工方便、保温隔热性能好、不污染环境等优点，但是此类房屋特别是生土房屋抗震性能差，有必要通过采取抗震措施和合理的技术措施，减轻其地震破坏，改善农村人居环境。

1.0.2 该条明确了本规程适用范围和适用对象。为与《四川省农村居住建筑抗震技术规程》DBJ51/016—2013 第 1.0.2 条协调，限制单体建筑面积在 300 m² 以下；另外，《四川省农村居住建筑抗震技术规程》DBJ 51/016—2013 第 7.1.1 条将生土房屋限制在 6 度地区，考虑到农村的现实情况，以及近年来国内多个现代生土房屋实践表明，一定配合比的改性生土墙的力学性能较传统生土墙能得到较大的改善，故本规程将其放宽至适用于 7 度（0.1g）地区，与《建筑抗震设计规范》GB 50011—2010 第 11.2.1 条适用范围相同，同时通过限制修建层数、增加一些有效的抗震措施等，进一步提高了其抗震能力。

1.0.3 村镇用地规划是农村建设的依据和建设工作有序进行

的保障，因此农村生土和木结构建筑的建设应符合村镇用地规划的要求。农村生态环境较为脆弱，必须重视生态环境的保护。建筑与周围环境相协调才能做到与环境共融，体现农村建筑的特色。遵守安全、卫生、节地、节能、节材、节水等国家相关方针政策和法规是进行农村建设的基本原则。

2 术 语

明确本规程中使用的主要术语的含义。

3　基本规定

3.0.1　先勘察、后设计、再施工，是工程建设必须遵守的程序，是国家十分重要的基本政策。

3.0.2　地形、地貌复杂是农村地区特别突出的特征。岩土工程勘察报告根据《建筑抗震设计规范》GB 50011 对于抗震有利、一般、不利和危险地段进行的划分是选址的重要依据。公路、铁路、输电线路穿越，临近矿山、工厂，工程地质和水文地质灾害多发等情况在农村建设中较为常见，因此应考虑噪声、有害物质、电磁辐射、工程地质灾害、水文地质灾害等的不利影响。

3.0.3　只有做到布局合理、使用安全、环境卫生、功能分区明确、交通组织顺畅，才能达到满足使用要求的目的。

3.0.4　安全、使用和耐久的要求是房屋结构的基本要求。

3.0.5　本条与《镇（乡）村建筑抗震技术规程》JGJ 161—2008第 1.0.4 条及《四川省农村居住建筑抗震技术规程》DBJ51/016—2013 第 1.0.4 条基本相同。基本地震动峰值加速度、基本地震动加速度反应谱特征周期分别按《中国地震动参数区划图》GB 18306—2015 图 A.1、图 B.1 取值，且图 A.1、图 B.1 分区界线附近的区域应按就高原则取值。其中，乡镇人民政府所在地、县级以上城市基本地震动峰值加速度及基本地震动加速度反应谱特征周期按《中国地震动参数区划图》GB 18306—2015表 C.1 ~ 表 C.32 取值。

3.0.6　建筑设计专业和建筑设备设计的各专业应进行协作设

计，综合考虑建筑设备和管线的配置，并提供必要的设置空间和检修条件。

3.0.7 防火要求是最重要且基本的要求之一，需要注意的是木结构防火有其特殊性，应严格执行国家现行规范。

3.0.8 农村由于地形地貌复杂、雷电活动频繁，雷害事故高，防雷设计应按照国家现行规范进行设计。

3.0.9 节能设计应符合《农村居住建筑节能设计标准》GB/T 50824 的规定，并合理利用能源。

3.0.10 合理利用地方材料，选择采用当地农村适宜的新技术、新材料和新产品，方能在经济性、现实性与安全性、功能性之间取得合理的平衡。

4 选址与布置

4.1 一般规定

4.1.1 工程地质条件复杂是农村地区的显著特征。在一个建筑场地内，经常存在地形高差大、岩土工程特性明显不同、不良地质发育程度差异较大等情况，因此，根据场地工程地质条件和工程地质分区并结合场地整平情况进行总平面布置和竖向设计，才能避免诱发地质灾害和不必要的大挖大填，保证建筑物的安全和节约建设投资。

4.1.2 农村地区地质灾害的发生常常由天然排水系统和山地植被的破坏而引起，因此充分利用和保护天然排水系统和山地植被是保持地基稳定的重要措施。

4.1.3 为了创造良好的卫生环境，农村建筑应合理规划供排水系统、垃圾集中堆放点等公用卫生设施。

4.1.4 传统特色的人文景观是人们生存和发展需要所创造的物质产品及其所表现的文化，是长期以来历史文化的积淀，是农村最具特色和最具吸引力的景观；进行建设时，人文景观和生态环境均应切实加以保护。

4.2 选　址

4.2.1 由于地基支撑着上部结构，地震作用通过地基和基础传递给上部结构，从而造成对建筑物的破坏。场地的地形、地貌和岩土特性及场地的稳定性均影响上部结构在地震时的安全。条状突出的山嘴、高耸孤立的山丘以及非岩质的陡坡等地段，地震动有明显的放大效应，将出现局部的烈度异常区，这些区域的建筑物的破坏也会相应加重；地震滑坡是丘陵地区及河、湖岸边常见的震害；软弱土及砂土液化则会造成地基失稳从而导致上部结构严重破坏。

4.2.2 选择有利于抗震的建筑场地，是减轻场地引起的地震灾害的有效手段。抗震设防区的建筑工程应选择有利的地段和一般地段，宜避开不利的地段，不应在危险的地段进行建设。山区较为常见的岩溶（土洞）强烈发育的场地也不应进行建设。

4.2.3 断裂影响主要是指地震时老断裂重新错动直通地表，在地面产生位错。对建在位错带上的建筑，其破坏是不易用工程措施加以避免的，因此应予避开。对一般的建筑工程只考虑1.0万年（全新世）以来活动过的断裂，在此地质时期以前的活动断裂可不予考虑；在地震烈度小于8度的地区，可不考虑断裂对工程的错动影响，因为多次国内外地震中的破坏现象均说明，在小于8度的地震区，地面一般不产生断裂错动。至于覆盖层厚度满足可不考虑断裂影响时的建设条件，考虑到农村进行小规模建设时一般无经济能力作覆盖层厚度的勘察，因此本条仅提出考虑断裂带避让距离的要求。

4.2.4 选址宜尽量靠近公共设施，方便生产、生活，利于节约资源，与居民生产劳动地点联系紧密或交通方便利于满足生产生活便利需求，但选址不得占用除居住用地外的其他用地。

《公路安全保护条例》第十一条规定，公路建筑控制区的范围，从公路用地外缘起向外的距离标准为：国道不少于20 m；省道不少于15 m；县道不少于10 m；乡道不少于5 m。属于高速公路的，公路建筑控制区的范围从公路用地外缘起向外的距离标准不少于 30 m。

《铁路安全管理条例》第二十七条规定，铁路线路两侧应当设立铁路线路安全保护区。铁路线路安全保护区的范围，从铁路线路路堤坡脚、路堑坡顶或者铁路桥梁（含铁路、道路两用桥）外侧起向外的距离分别为：城市市区高速铁路为 10 m，其他铁路为 8 m；城市郊区居民居住区高速铁路为 12 m，其他铁路为 10 m；村镇居民居住区高速铁路为 15 m，其他铁路为 12 m；其他地区高速铁路为 20 m，其他铁路为 15 m。

农村建筑场地与林区相邻的情况较为普遍，根据《农村防火规范》GB 50039—2010 第 3.0.7 条，居住区和生产区距林区边缘的距离不宜小于 300 m。

4.3　布　置

4.3.1　农村的建筑设计在满足日常生活的各项实际需求的同时，应注意体现地区性及民族性的特色。农村民居的一个突出特点是除居住需要外，尚需要进行生产和储存，因此建筑设计应满足这些需要。

我省农村分布范围广，各地生产生活习惯差异大，建筑设计在功能布局上应考虑当地农村居民的生产生活习惯、民族习惯，对内与外、动与静、干与湿、洁与污等空间做合理划分，对厨房、卫生间、圈舍、沼气池、农机储物空间等应合理布置，实现人畜分区、生产生活分区。

农村建筑朝向受气候条件和地貌条件制约较大，建筑设计中，卧室、起居室应满足日照、遮阳、天然采光、自然通风要求，厨房应满足采光、通风要求，卫生间应满足通风要求，其他辅助房间的设计尽可能满足日照、天然采光、通风要求，同时，户内应保证安静的室内环境，并满足隔声要求。

4.3.2　农村建筑应按套型作为一户村民的居住单位进行设计。每套住宅的分户界限应明确，必须独门独户，每套住宅应包含生活空间、辅助空间等基本功能。这些基本功能空间应设计于一个宅基地内，不应与其他套型共用或合用；这些功能空间可以组织在一栋建筑内，也可结合院落布置分散布置在一块宅基地上。

4.3.3　室内净高要求引自《村镇传统住宅设计规范》CECS 360 的相关规定。

4.3.4　形体规则的房屋，受力明确，便于进行结构分析，也容易判断结构需要加强的重点部位；震害经验表明，形体规则的房屋在遭遇地震时，破坏相对较轻。

4.3.5　建筑供能宜根据当地能源条件，积极采用常规能源与可再生能源相结合的供能系统与设备，因地制宜地利用太阳能、沼气、生物质能、风能等可再生能源，并采用多种能源相结合的供能方式，实现多能互补，有效减少常规能源消耗，保护环境，提升人居环境质量。

5 材 料

5.1 一般规定

5.1.1 本条列举农村生土和木结构建筑使用的主要材料。

5.1.2 木结构的承重结构构件其受力状态不同时，应选用不同材质等级的木材才能确保结构的安全。

5.1.3 土中合适的黏粒含量可以增加土的黏结力；合适的砂石含量可增加土构件的强度，抑制其变形开裂，提高耐久性。当土中有机质含量较大时，对土体的收缩性和耐水性有较大的影响，故不得使用腐殖土或杂质土；其他土料应根据地区经验确定能否采用。

5.1.4 未经改性处理的原始土料强度低、收缩率大、抗水性及抗冻性差，对原始土料进行改性处理可以改善其性能，故规定原始土料应经改性处理后方可作为生土墙材料使用。

5.1.5 生土构件的强度主要由土的性质、胶结材料品种、骨料品种、构件制作的方法、龄期、养护条件等控制，故特别规定改性土料设计强度应采用现场原始土料和现场骨料品种、胶结材料品种进行改性土料的配比设计。

5.1.6 国家政策导向为推广使用高强钢筋，目前市场上钢筋供应以 HPB300 级、HRB400 级为主，故未列出政策淘汰和市场供应少的钢筋。

5.1.7 在农村房屋建造中，误用过期水泥和质量不合格的水泥所导致的质量事故时有发生，因此，在结构材料中强调严禁使用过期或质量不合格的水泥。

5.2 木 材

5.2.1 承重结构用材分为原木、锯材（方木、板材、规格材），农村房屋的建造目前无法实现使用规格材的条件，故未列入。木节割断木纹，削弱木构件截面；对于扭纹、斜纹，如木材的纹理较斜，木构件在干燥过程中会产生扭翘变形和斜裂缝，影响构件受力；髓心避开受剪面意味着受剪面避开了木材主裂缝，是防止裂缝危害的有效措施；裂缝是影响木结构安全的一个重要因素。

5.2.2 不同受力状态的构件对材质的要求不同。为便于选择材质等级时容易把握，列举如下：受拉构件或拉弯构件主要有屋架下弦和其他的连接板；受弯构件或压弯构件主要有屋架上弦、大梁、檩、椽、柱等；受压构件及次要受弯构件主要有支撑、系杆、吊顶小龙骨等一般构件。

5.2.3 本条列出国内常见树种供选用。表中 TC 代表针叶树种，TB 代表阔叶树种，其后的数字越大，强度等级越高。针叶树种中，A 组的强度高于 B 组。

5.2.4 木结构采用较干的木材制作，能在相当程度上减小因木材干缩造成的结构松弛变形和开裂危害，在保证工程质量上作用很大。结构用材截面尺寸较大，只有气干法较为可行，故木材应尽量提前备料，使木材在合理堆放和不受曝晒的条件下逐渐风干。

5.3 生　土

5.3.1　采用简易鉴别方法对土进行分类和描述，是根据我国工程勘察多年实践经验确定的，由此可以对土类及其状态进行较可靠的评价。

5.3.2　大块原始土料进行破碎处理、原始土料过筛的目的在于控制土料的均匀性，也有利于控制拌和土料的质量及生土构件的成型质量。

5.3.3　含水量低的原始土料通过洒水拌匀后堆放陈化，使其含水量均匀，洒水量不宜过大；湿制土坯料经练泥处理后，土料变得均匀，利于土坯的制作。传统的练泥方法是采用畜力，有条件时也可采用机械。

5.3.4　本条参考了《镇（乡）村建筑抗震技术规程》JGJ 161、《村镇住宅建筑材料选择与性能测试标准》CECS 317 的相关内容以及其他相关资料。

土的改性材料包括纤维改性材料、胶结改性材料、骨料改性材料。常用的纤维材料有稻草、麦秸、松针、麻、毛发、玻璃纤维、合成纤维等。常用的胶结改性材料有石灰、水泥、矿渣、石膏、粉煤灰、水玻璃以及土壤固化剂、添加剂等。常用的骨料改性材料有卵石、碎石、瓦砾、砂等，粒径在 5 mm 以下称为细骨料，粒径在 5 mm 以上称为粗骨料。对于改性材料，简单介绍如下：

1 稻草、麦秸等纤维材料

掺入 0.5%（质量比）的稻草、麦秸等纤维材料，可改善土制构件的抗裂性，减小裂缝宽度，抗剪强度略有提高，抗压强度无明显变化，可使干制土坯的抗弯强度有所增加。

2 石 灰

石灰用于土料改性，可达到如下效果：

1） 夯筑土料中掺入石灰能够增加抗压强度和抗剪强度，增强抗水性、抗冻性。夯土墙土料中掺入石灰时，石灰的含量宜为 5%～10%（质量比）。15%的石灰掺量能使夯土的抗压强度达到最大值；对于抗剪强度，达到最大值时的石灰掺量在 10%左右。如果石灰掺量高于 20%，将降低土体的抗压强度和抗剪强度，因此进行改性土料配比时，石灰的掺量不宜过高。需指出的是，石灰与土中的活性材料反应及 $Ca(OH)_2$ 的炭化是缓慢的过程，石灰土强度的增长也是较为缓慢的。

2） 黏土掺入石灰能增加夯土土体的耐久性。

3） 掺入石灰后的土体易于夯实。

3 水 泥

水泥是目前使用较为成功的土体改性材料，水泥宜用于黏性成分偏少的土料改性。需要注意的是，采用水泥改性土制作的生土构件应进行保湿养护，一般不少于 14 d。水泥用于土料改性，可达到如下效果：

1） 土料中掺入水泥可增加土构件的抗压强度和抗剪强度，增加抗水抗冻性能，但会降低其延性；

2）掺入水泥的土体易于夯实；

3）水泥改性土的抗压强度随水泥用量的增大而增高。

4　其他胶结材料

矿渣、石膏、粉煤灰、水玻璃以及土壤固化剂、添加剂等用于土料改性时需进行适应性试验。土壤固化剂在公路建设中应用较多，也有成功用于生土墙的案例；中国建筑西南设计研究院有限公司研制出的添加剂，已应用于多项生土墙工程。

5　骨　料

土中掺入骨料，骨料发挥其在土体中的骨架作用，良好的骨料级配和骨料形状能增大土体的密实度、提高强度、改善耐久性，特别对减小生土构件的收缩变形从而减少其裂缝效果较好。粗骨料的掺量占土料的质量比一般不超过 30%。

5.3.5　改性土料的强度宜通过试块的抗压强度试验确定，试块取样数量不应少于 3 块，且应随机抽取。需注意的是，土料试块采用立方体抗压强度进行试验时，立方体边长越小，试验得到的抗压强度值越高。资料表明，当土料进行了合适的配比后，采用边长为 100 mm 的立方体试块时，28 d 的抗压强度一般均能达到 1.5 MPa。采用简易鉴别时，应将湿土捏成土团，风干后用手指捏碎、掰断及捻碎，很难捏碎或掰断为干强度高，稍用力即可捏碎或掰断为干强度中等，易于捏碎或捻成粉末者为干强度低。简易鉴别法不能定量确定土料的强度，有条件时，宜由试块的抗压强度试验确定。

5.3.6　对于夯筑墙体，优质夯土的塑性指数 $I_P < 16\%$，液限 $w_L < 36\%$；良好夯土的塑性指数 $16\% \leqslant I_P \leqslant 30\%$，液限 $36\% \leqslant w_L \leqslant 45\%$；不适用作为夯土的塑性指数 $I_P > 30\%$，液限 $w_L > 45\%$。

5.3.7 土坯砌筑泥浆同样存在强度、延性和耐久性问题，泥浆中掺入改性材料可提高墙体的强度和变形性能，减小收缩开裂。

5.3.8 土的夯实程度与土的含水率密切相关，混合土料含水量不足或过多均会影响土墙的密实度及强度，加水量过多会导致墙体收缩变形加大，引起墙体干缩开裂程度加大。夯土墙及干制土坯土料的最优含水率宜通过土工试验的击实试验确定。

鉴于农村地区的条件限制，当无试验条件时，现场检验方法是"手握成团，落地开花"，即用手抓取土，手握能成团，松手让成团的土料自由落地，土团落地能散开。

5.4 其他材料

5.4.1 《四川省农村居住建筑抗震技术规程》DBJ 51/016 用区分不同抗震设防烈度对砌体块材的强度等级提出不同的规定，较为科学合理、经济适用。

5.4.2 砌筑砂浆强度等级，与《四川省农村居住建筑抗震技术规程》DBJ51/016 一致。

5.4.3 生土和木结构建筑中的混凝土构件一般仅为构造柱、芯柱、圈梁、过梁等构件，故要求混凝土强度等级不应低于C20。

6 地基与基础

6.1 一般规定

6.1.1 软弱土、高含水量的可塑黄土在地震作用下会产生震陷；对于液化土，倾斜场地的土层液化往往带来大面积土体滑动，造成严重后果，而水平场地土层液化的后果一般造成建筑的不均匀下沉和倾斜；资料表明，在6度区液化对房屋结构所造成的震害是比较轻的，因此，6度区的一般建筑可不考虑液化影响。但需要注意的是，山区在进行场地平整时，常形成半挖半填的场地，对于未经处理的新近填土，由于其处于欠固结状态，土体变形很大，将影响建筑的安全，应避开或对地基进行处理。

6.1.2 规定同一结构单元不宜采用不同类型的基础是基于农村房屋占地面积小，基础平面布置及结构简单，易于保证地基土和基础类型的一致性，避免地基土性质不同或基础类型的差异引起不均匀沉降，造成上部结构的破坏。

6.1.3 基础圈梁能加强结构的整体性，调节不均匀沉降。对于农村低层房屋，除地基土可能出现不均匀沉降而又不能避开外，一般情况下可不要求设置基础圈梁，设置基础圈梁时可与墙体的防潮层合并设置。

6.1.4 有关山区建筑距边坡边缘的距离，参照《建筑地基基础设计规范》GB 50007—2011第5.4.1、第5.4.2条计算时，其边坡坡角需按地震烈度的高低修正，滑动力矩需计入水平地震和竖向地震产生的效应。

地震角的范围取 1.5°~10°，取决于地下水位以上和以下，以及设防烈度的高低。可参见《建筑抗震鉴定标准》GB 50023—2009 第 4.2.9 条。

6.1.5 场地的边坡处理应根据地质、地形条件和使用要求，因地制宜，采取设置合适类型的挡墙、锚喷支护以及坡率法等边坡治理形式。挡土结构抗震设计稳定验算时有关摩擦角的修正，指地震主动土压力按库仑理论计算时，土的重度除以地震角的余弦，填土的内摩擦角减去地震角，土对墙背的摩擦角增加地震角。

6.1.6 地基验槽是保证地基基础质量的关键环节，验槽时宜根据土质情况进行钎探。

6.1.7 为了避免外部环境变化对基础的侵蚀和破坏，基础施工完毕后应及时回填基槽或基坑。回填土方仅在一侧回填时，侧向压力容易导致基础变形及破坏。

6.2　地　基

6.2.1 农村地基应重视分析认定潜在的地质灾害对建筑安全的影响，并根据分析认定结果采取避让等相应措施。2008 年，我省某乡发生泥石流，乡政府所在的整个场镇房屋几乎全部被泥石流淹没，20 多间房屋瞬间垮塌；在国内也发生过几起滑坡引起的房屋倒塌事故。

6.2.2 换填垫层适用于处理各类浅层软弱地基。垫层材料可采用砂石、灰土、粉质黏土、粉煤灰、矿渣、其他工业废渣等，考虑到农村检测条件限制，仅对砂石、灰土垫层作出要求。当采用其他材料时，应满足相关规范的规定。

6.2.3 基坑开挖时预留约 200 mm 厚的土层，防止持力层土受扰动而影响其承载力。

6.2.4 确定换填垫层宽时，除满足压力扩散角的要求外，还应保证垫层应有足够的宽度，按照《建筑地基处理技术规范》JGJ 79—2012 第 4.2.2 条，灰土压力扩散角为 28°，在 $z/b \geqslant$ 0.50 时砂石压力扩散角为 30°，取压力扩散角为 30°，$\tan 30° =$ 0.577，故规定垫层底面超出基础各边的尺寸不小于垫层厚度的 0.6 倍。

6.3 基 础

6.3.1 基础埋置深度是指从室外地坪到基础底面的距离。

农村房屋层数低，上部结构荷载小，对地基承载力要求相对不高，在满足地基稳定和变形要求的前提下，浅埋基础较经济，但也应保证必要的埋置深度。

为避免地基土冻融对上部结构的不利影响，季节性冻土地区的基础埋置深度宜大于地基土的冻结深度。

6.3.2 同一结构单元基础底面不在同一标高时，按 1：2 的台阶逐步放坡是通过基础埋深渐变，减少基础埋深突变造成的不均匀沉降。

6.3.3 当上部墙体为生土墙时，由于生土墙受潮湿后强度大幅度降低，同时对其耐久性也会产生不利影响，故基础顶面以上砖（石）墙砌筑高度应满足一定要求。

6.3.4 当新建建筑物与原有建筑物的距离较近，且新建建筑物基础埋深大于原有建筑物基础埋深时，新建建筑物会对原有建筑物产生影响，甚至会危及原有建筑物的安全或正常使用。一般情况下，对于层数少、上部结构荷载小的农村房屋，可按照两基础的净距不小于基底高差的两倍确定。

6.3.5 农村生土和木结构建筑层数少、荷载小，采用无筋扩展基础一般就能满足承载力要求。采用的基础材料可因地制宜选取，包括实心砖、混凝土小型空心砌块、毛石、灰土、三合土等。

6.3.6 无筋扩展基础总高度及台阶高度是按照其基础放出上部墙体外尺寸不大于不同基础材料的台阶宽高比允许值来确定的，考虑到便于农村工匠施工操作，统一按宽高比 1:1.5 进行基础高度及台阶高度尺寸的控制。

6.3.7 基础所处环境潮湿程度至少为稍潮湿，按照《砌体结构设计规范》GB 50003 关于耐久性的要求，实心砖强度等级应不低于 MU15。

6.3.8 基础采用混凝土小型空心砌块时，采用混凝土将砌块孔洞预先灌实以满足耐久性要求。

6.3.9 石砌基础通过限制台阶宽高比来保证基础内产生的拉应力及剪应力不超过相应材料强度设计值；平毛石基础砌体的第一皮块石坐浆并将大面朝下、毛料石基础砌体的第一皮应坐浆丁砌是为了使基础与地基结合更为紧密；卵石凿开使用是为了保证与砌筑砂浆的黏结；强度等级要求是由基础所处环境潮湿程度确定的。

6.3.10 灰土基础是用经过消解的石灰粉和过筛的黏土或粉质黏土，按一定体积比，洒适量水（以手紧握成团，两指轻捏又松散为宜）拌和均匀后分层夯实而成的。三合土基础由石灰、砂、骨料（碎砖、碎石），按一定体积比，洒适量水拌和均匀后分层夯实而成，控制分层厚度是为了保证夯筑的密实。须注意的是，石灰粉为气硬性材料，在大气中能硬结，但抗冻性能较差，因此灰土基础只用于地下水位以上和冰冻线以下的深度。三合土常用于土质较好、地下水较低的地区。

7 木结构房屋

7.1 一般规定

7.1.1 形状比较简单、规则的房屋，在地震作用下受力明确。震害经验也充分表明，简单、规整的房屋在遭遇地震时破坏也相对较轻。

7.1.2 竖向承重构件（木柱）与水平承重构件（木屋架、木梁）及水平联系构件（系杆、穿枋）等通过可靠的节点连接形成空间结构体系是保证木结构抗震能力的关键。

木柱与砖柱或墙体在力学性能上是完全不同的材料，木柱属于柔性材料，变形能力强，砖柱、石柱或墙体（包括砌体墙、土坯墙、夯土墙）属于脆性材料，变形能力差。若两者混用，在水平地震荷载作用下变形不协调，将使房屋产生严重破坏。

震害表明，木结构采用硬山搁檩时，山墙往往容易在地震中破坏，导致端开间塌落，故要求设置端榀穿斗木构架、木柱木屋架、木柱木梁，不得采用硬山搁檩做法。

7.1.3 房屋总高度指室外地面到屋面板板顶或檐口的高度，坡屋面应算到山尖墙的 1/2 高度处。

我省农村常见木结构建筑有穿斗木构架（图 1）、木柱木构架（图 2）、木柱木梁（图 3）等三种形式。由于结构构造的不同，各种木结构房屋的抗震性能也有一定的差异。其中，穿斗木构架和木柱木屋架房屋结构性能较好，通常采用质量较轻的瓦屋面，具有结构质量轻、延性较好及整体性较好的优点，其抗震性能比木柱木梁房屋要好，6度~8度时可以建造两层房屋。木柱木梁房屋一般为质量较大的平屋盖泥被屋顶，通常为粗梁细柱，梁、柱之间连接简单，从震害调查结果看，其抗震性能低于穿斗木构架和木柱木屋架房屋，一般仅建单层房屋。

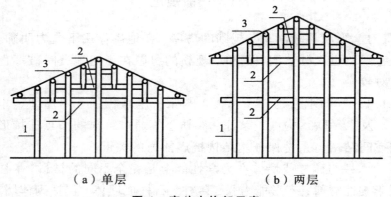

（a）单层　　　　　　（b）两层

图1　穿斗木构架示意

1—柱；2—穿枋；3—木檩条

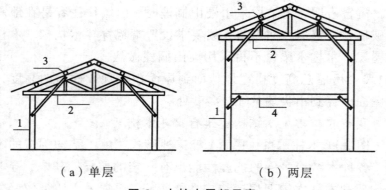

（a）单层　　　　　　（b）两层

图2　木柱木屋架示意

1—柱；2—屋架；3—木檩条；4—木梁

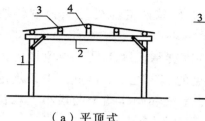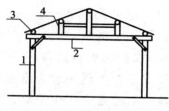

（a）平顶式　　　　　　　　（b）坡顶式

图 3　木柱木梁示意

1—柱；2—承重木梁；3—木檩条；4—瓜柱

7.1.4 木结构房屋木柱的横向柱距、纵向柱距，考虑一般农村建筑开间、进深的常见尺寸及常用檩条跨度限制确定，穿斗木构架设置一定数量的落地柱是其能抵抗水平地震荷载作用的保证。农村穿斗木构架一般落地柱的数量以 5 根较多，仅一些浅进深的偏房少于 5 根。木结构房屋木柱的横向柱距、纵向柱距不应过大，保证了房屋的横向、纵向刚度及整体性，对抗震有利。

7.1.5 木柱是木结构的主要承重构件，常用的木柱接长节点构造对地震荷载作用时木柱的复杂受力状态难以保证能有效抵抗，故应采用整料；木柱的梢径尺寸要求一是满足承载力要求，二是保证木柱与其他构件连接时的构造需要；柱与梁、穿枋、檩条等连接时，需要开槽，开槽面积过大时，对木柱有效截面削弱过大，导致柱节点承载力降低。

7.1.6 无下弦的人字屋架或无下弦的拱形屋架端部节点有向外的水平推力，不利于结构的稳定。

7.1.7 双坡屋架结构的受力性能较单坡的好，双坡屋架的杆件仅承受拉、压，而单坡屋架的主要杆件还将受弯，且单坡屋架在两支座处高度不一致从而导致两支座处地震荷载作用不一致，不利于抗震。

7.1.8 农村房屋楼屋盖构件因支承长度不足而导致楼屋盖塌落的现象是在地震中较为常见的震害之一，因此，本条规定了木楼盖、木屋盖构件在屋架、木梁和砌体墙上的最小支承长度和对应的连接方式。

7.1.9 采用轻型材料屋面是提高房屋抗震能力的重要措施之一。小瓦屋面是我省农村常用的屋面材料，地震时常大面积从屋面滑落；近年来，轻质瓦材在农村房屋中的使用逐渐增多，这类瓦材自重轻，椽条由于间距大而使用数量少，安装方便，具有一定的综合效益。重屋盖房屋重心高，水平地震荷载作用相对较大，震害调查也表明，地震时重屋盖房屋比轻屋盖房屋破坏严重，因此地震区的房屋宜优先选用轻质材料做屋盖。

冷摊瓦屋面的底瓦浮搁在椽条上时容易发生溜瓦，掉落伤人。因此，本条要求冷摊瓦屋面的底瓦与椽条应有锚固措施。在底瓦的弧边两角设置钉孔，采用铁钉与椽条钉牢。盖瓦可用石灰或水泥砂浆压垄等做法与底瓦黏结牢固。该项措施还可以防止暴风对冷摊屋面造成的破坏。四川汶川地震灾区恢复重建中已有平瓦预留了锚固钉孔的做法。

7.1.10 对烟道、烟囱等作出防火构造要求。

7.1.11 突出屋面的烟囱易倒塌，故对其出屋面高度作出规定。坡屋面上的烟囱高度由烟囱的根部上沿算起。

7.1.12 木结构房屋外围护墙及内填充墙应根据所采用的墙体材料、相关规范的规定采取相应的抗震构造措施。

木结构房屋的外围护墙及内隔墙从减轻房屋质量、减小地震作用的角度来说，最好采用轻质材料。但由于防护要求及保温隔热需要，第一层墙体常采用砌体墙或生土墙；第二层墙体由于重心高，地震作用大，山墙顶的三角形部分稳定性差，故应采用轻质材料。

木结构与砌体墙或生土墙由于质量、刚度差异大，自振特性不同，在地震荷载作用下，二者变形不一致，不能共同工作，甚至会相互碰撞，砌体墙或生土墙设置在木柱外侧可以避免墙体向内倒塌伤人，与木柱间预留适当间距是为了避免木柱与外围护墙产生碰撞，且便于木柱的维护检查，利于木柱防腐。

7.1.13 榫卯连接的木结构，在木材含水量变化的情况下，其节点容易松弛，老旧的木结构，即使无地震荷载作用，歪斜现象也比较普遍；榫卯连接对木构件的有效截面削弱较大，地震荷载作用下，木柱在榫卯节点处发生折断是常见的较为严重的震害。对节点进行加强是防止这些破坏产生的有效措施。钢连接件在现代木结构中使用较为广泛，效果也较好，其常用于加强或代替榫卯节点。

7.2 抗震构造措施

7.2.1 震害表明，当木柱直接浮搁在柱础上时，地震时木柱的晃动易引起柱脚滑移，严重时木柱从柱础上滑落，引起木构架的塌落。因此应采用销键结合或榫结合加强木柱柱脚与柱础的连接，并且销键和榫的截面及设置深度应满足一定的要求，以免在地震荷载作用较大时因销键或榫断裂、拔出而失去作用；扁钢在柱础内的预埋，可将柱础凿孔后，用 1:2 水泥砂浆将扁钢锚牢。木柱与柱础榫连接如图 4 所示，木柱与柱础销键连接如图 5 所示，木柱与柱础扁钢连接如图 6 所示，木柱与混凝土基础扁钢连接如图 7 所示。

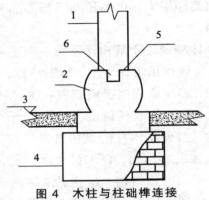

图 4　木柱与柱础榫连接

1—木柱；2—石墩；3—地面；4—浆砌毛石；5—防潮层；6—柱脚榫

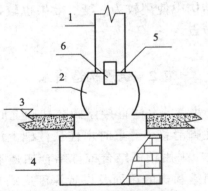

图 5　木柱与柱础销键连接

1—木柱；2—石墩；3—地面；4—浆砌毛石；5—防潮层；6—石销键

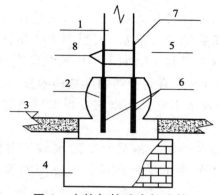

图6　木柱与柱础扁钢连接

1—木柱；2—石墩；3—地面；4—浆砌毛石；

5—防潮层；6—凿孔；7—扁钢；8—螺栓

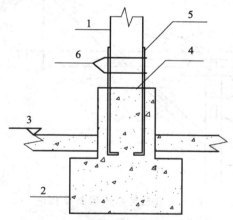

图7　木柱与混凝土基础扁钢连接

1—木柱；2—混凝土基础；3—地面；4—防潮层；

5—预埋扁钢；6—螺栓

7.2.2　木柱柱脚设置木锁脚枋有利于木结构的整体性；传统

木结构房屋纵向连接较为薄弱，纵向水平系杆与木柱间的连接构造抵抗水平荷载的能力很差，对纵向水平系杆与木柱间的连接进行加强处理，有利于增加木结构的纵向刚度。

7.2.3 设置垂直支撑有利于增加木结构的整体性及纵向刚度。

7.2.4 屋盖设置水平支撑与垂直支撑共同将各榀木构架连接成为空间结构。

7.2.5 木柱与木屋架、木梁间的连接较为薄弱，设置斜撑利于加强每榀木构架的横向刚度。木柱与木屋架斜撑构造如图 8 所示。

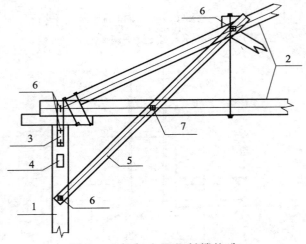

图 8 木柱与木屋架斜撑构造

1—木柱；2—木屋架；3—U形扁钢；4—水平系杆；

5—斜撑；6—连接螺栓；7—连接螺栓（椭圆孔）

7.2.6 满足构造要求是穿斗木构架有较好整体性和抗震能力的保证，对立柱开槽宽度和深度进行限制是为了避免对立柱有效截面的过多削弱导致在节点处折断。

7.2.7 檩条是承受和传递楼面、屋面荷载的主要构件，檩条与屋架、柱（瓜柱）的连接及檩条之间的连接采用铁件、扒钉等连接牢固，可有效提高屋盖系统的整体性及房屋的抗震能力。

7.2.8 屋脊处采用折角扁钢拉结屋脊两侧椽子可发挥其拉结作用。

7.2.9 楼面檩条与屋面檩条的不同在于其上需铺设木楼板，故与屋面连接有所不同。

7.2.10 轻质瓦材一般均有安装说明，可按照安装说明进行安装。

7.3 施工及维护

7.3.1 木构架平面外刚度弱，竖立前不进行临时加固容易造成其破坏，铁件进行防锈处理方能保证其耐久性，交付使用前的检查对质量隐患的排除很有必要。

7.3.2 保持木构件良好的通风条件，不直接接触土壤、混凝土、砖墙等，以免水或湿气侵入，是保证木构件耐久性的必要环境条件；采用药剂进行木结构的防腐在农村不易操作，应以构造措施为主。

7.3.3 白蚁对木结构危害大，新建木结构房屋应进行白蚁预防处理。

7.3.4 在农村，旧房拆除的木料重新利用较多，但一些废旧木料已经产生较大变形、开裂、腐蚀、虫蛀或榫眼（孔）较多，在新建房屋中作为承重构件使用，存在安全隐患。

8 生土房屋

8.1 一般规定

8.1.1 因生土墙体的强度低，抗震能力较差，故限制仅在 6 度及 7 度（0.1g）区建单层房屋。

8.1.2 生土墙如受潮或受雨水侵蚀，强度和耐久性均影响较大，故应有相应措施。

8.1.3 生土墙房屋平面宜力求简单、规则，墙体均匀、对称布置，在平面内对齐、竖向连续是有效抵抗地震作用的要求。

8.1.4 震害表明，横墙承重或纵横墙共同承重房屋的震害较轻，纵墙承重房屋因横向支撑较少震害较重。横墙承重房屋纵墙只承受自重，起围护及稳定作用，这种体系横墙间距小，横墙由纵墙拉结，具有较好的整体性和空间刚度，因此抗震性能较好。纵墙承重房屋横墙间距较大，房屋的横向刚度差，对纵墙的支撑较弱，纵墙在地震作用下易出现弯曲破坏。

生土墙与其他墙体混用承重时因材性差距大，不同材料墙体间为通缝，导致房屋整体性差，在地震中破坏严重。这里所说不同墙体混合承重，是在平面上布置不同材料的墙体，对于下部采用其他砌体墙，上部采用生土墙的做法则不受此限制，但这类房屋的抗震承载力应按上部相对较弱的墙体考虑。

土坯柱断面小，承载力低，不应作为承重构件。

8.1.5 生土墙抗震能力有限，故限制其高度。资料表明，土坯采用机械压制或夯土墙采用机械夯筑、设置了钢筋混凝土构造柱和圈梁时，生土房屋的抗震能力提高较大，故高度限值较《建筑抗震设计规范》GB 50011 的规定有所放宽。

8.1.6 限制横墙间距，即保证了房屋的横向抗震能力，也加强了纵墙的平面外刚度和稳定性。土坯采用机械压制或夯土墙采用机械夯筑、设置了钢筋混凝土构造柱和圈梁时，横墙间距限值较《建筑抗震设计规范》GB 50011 的规定有所放宽。

8.1.7 本条规定了生土房屋墙体的局部尺寸、门窗洞口宽度。

8.1.8 在生土墙体材料的性能提高较大、施工质量较为稳定、构造措施到位的情况下，墙体厚度可适当减薄，一方面墙体自身承载力有了提高，另一方面减轻了房屋自重，对房屋抗震能力的提高无疑是有利的；从造价角度看，采用改性土料时，总量一定的胶结材料用于较薄的生土墙时，可以获得高比例的胶结材料配比，从而提升其强度等级，并不因为胶结材料配比的提高增加太多费用。

8.1.9 单坡屋面结构不对称，房屋前后高差大，地震时前后墙的惯性力相差较大，高墙易首先破坏引起屋盖塌落或房屋的倒塌；屋面采用轻型材料可减轻地震作用。

8.2 抗震构造措施

8.2.1 钢筋混凝土圈梁、水平配筋砂浆带、木圈梁的作用在于增强房屋的整体性。

8.2.2 钢筋混凝土圈梁、配筋砂浆带、木圈梁等的构造参照《建筑抗震设计规范》GB 50011 及《镇（乡）村建筑抗震技术规程》JGJ 161 进行规定。山尖墙顶设置顺坡钢筋混凝土圈梁如图 9 所示，山尖墙顶设置的顺坡配筋砂浆带如图 10 所示。

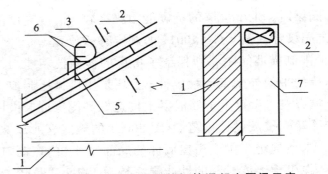

图 9　山尖墙顶设置顺坡钢筋混凝土圈梁示意

1—山尖墙；2—圈梁；3—檩条；4—混凝土台阶；

5—预埋扁钢；6—元钉；7—构造柱

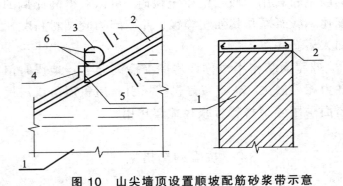

图 10　山尖墙顶设置顺坡配筋砂浆带示意

1—山尖墙；2—配筋砂浆带；3—檩条；4—砂浆台阶；

5—预埋扁钢；6—元钉

8.2.3 构造柱主要是对墙体起约束作用，使之有较高的变形能力；构造柱也能够提高墙体的受剪承载力。由于构造柱与生土墙连接处不便设置马牙槎，拉结筋外包砂浆形成的配筋砂浆带能起到增强构造柱与生土墙连接的作用，且砂浆能保护钢筋不易锈蚀。构造柱与墙体的拉结示意如图 11 所示。预制构造柱预埋筋与拉结筋连结示意如图 12 所示，预制构造柱预埋件与拉结筋连接示意如图 13 所示。

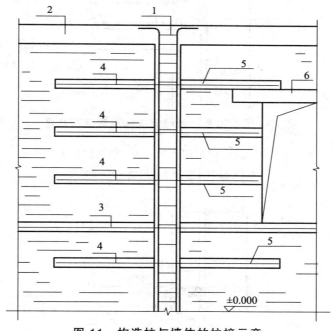

图 11 构造柱与墙体的拉接示意

1—构造柱；2—圈梁；3—水平配筋砂浆带；
4—拉结筋；5—包覆砂浆；6—过梁

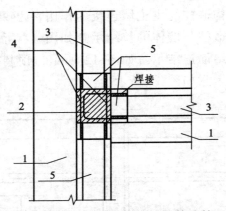

图 12　预制构造柱预埋筋与拉结筋连接示意

1—生土墙；2—预制构造柱；3—预制拉结筋砂浆带；
4—预埋钢筋；5—后浇砂浆带

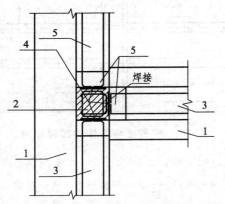

图 13　预制构造柱预埋件与拉结筋连接示意

1—生土墙；2—预制构造柱；3—预制拉结筋砂浆带；
4—预埋件；5—后浇砂浆带

8.2.4 生土墙在纵横墙交接处设置拉结网片，可以加强转角处和内外墙交接处墙体的连接，约束该部位墙体，提高墙体的整体性，减轻地震时的破坏。震害表明，较细的多根荆条、竹片编制的网片，比较粗的几根竹竿或木杆的拉结效果好。原因是网片与墙体的接触面积大，握裹好。

8.2.5 生土墙强度低，因此宜采用木过梁，当一个洞口采用多根木杆组成过梁时，在木杆上表面采用木板、扒钉、钢丝等将各根木杆连接成整体可避免地震时局部破坏塌落。

8.2.6 生土墙在长期压应力作用下洞口两侧墙体易向洞口鼓胀，在洞口边缘采取构造措施，可以约束墙体变形。生土墙房屋建造时在洞边预加拉结材料，对提高墙体的整体性有一定效果。

8.2.7 由于生土墙材料强度低，集中荷载作用点均应有垫板、砂浆带或圈梁，檩条在内墙顶满搭及端檩出檐均为增加檩条与墙体的接触面积。

8.2.8 设置垂直剪刀撑有利于横墙的平面外稳定。

8.2.9 伸入外墙上的挑檐木在地震荷载作用下往返摆动，导致外纵墙开裂甚至倒塌，因此，宜直接将椽条伸出做挑檐。

8.2.10 木屋架支座荷载大于檩条，故垫板尺寸较大。

8.2.11 设置屋架的屋面檐口挑梁一般均采用屋架支座处的附木挑出。

8.2.12 山墙的屋面下的三角形部位的墙体，采用较重材料时，是易发生倒塌的部位，故设置屋架时应采用轻质墙体。

8.3 施工及维护

8.3.1 未晾干的土坯强度低，干缩变形大，影响土坯墙的质量；每天砌筑高度的限制是防止刚砌好的墙体变形或倒塌；尺寸不规整的土坯砌筑的墙体易造成局部应力集中。

8.3.2 泥浆不饱满、泥缝过薄或过厚，都会降低墙体强度。

8.3.3 土坯墙体的转角处和交接处同时砌筑，有利于保证墙体整体性。

8.3.4 泥浆存放时间过长时，不易保证砌筑质量。

8.3.5 传统夯土墙的模具只能夯筑一字墙，对纵横墙节点的整体性不利。另外须注意的是，传统模板与下部夯土墙顶的搭接尺寸过小，常造成上下板夯土墙接缝处土无法夯实而形成较大的水平缝，可在模板下部偏上的适当位置开孔作为支撑横杆的支撑点，保证模板与下部夯土墙有足够的搭接尺寸。

8.3.6 人工夯筑时，夯筑质量与操作人员关系很大，采用机械夯筑，密实度能较稳定地控制，有利于提高夯筑质量；夯筑机械的冲击力过大时，会引起夯筑模板的不稳定及下层已夯筑墙体的破坏。目前常用的机械夯筑工具是用气动捣固机端部焊接钢板夯筑头改造而成，对于厚度较大的夯土墙，汽油打夯机等也有采用。

8.3.7 竖向通缝严重影响墙体的整体性，不利于抗震。

8.3.8 分层夯筑利于夯实。刚夯筑的墙体抗压承载力较低，因此每日夯筑高度应适当控制。

8.3.9 夯筑模板从夯土墙表面直接拉开，模板上容易粘土从而造成墙体的局部损坏；土墙表面缺陷的修补应及时进行。

8.3.10 施工时应注意开设洞口对墙体的影响。

8.3.11 土料拌和水泥后使用时间不宜超过混凝土的初凝时间。改性材料加入水泥时，如养护不到位，水泥不能充分发挥作用，宜用塑料布遮盖保湿至少 14 d。

8.3.12 生土墙进行抹面可增加墙体的耐久性，泥浆中加入纤维、挂玻纤网格布均可减小面层的裂缝宽度。中国建筑西南设计研究院有限公司研制的生土砂浆，用于生土墙抹面时能形成一道防渗防裂的高强度防护层，起到增加墙体耐久性、延长生土墙建筑使用寿命的作用。